U0186421

T文库

你家胜过凡尔赛：建筑另一面

OTRA HISTORIA DE LA ARQUITECTURA

[西]米格尔·安赫尔·卡吉加尔·维拉 / 著

石丽丽 / 译

贵州出版集团
贵州人民出版社

著作权合同登记号 图字：22-2024-058 号

图书在版编目（CIP）数据
你家胜过凡尔赛：建筑另一面 /（西）米格尔·安赫尔·卡吉加尔·维拉著；石丽丽译 . -- 贵阳：贵州人民出版社，2024. 10. --（T 文库）. -- ISBN 978-7-221-18498-6
Ⅰ . TU-8
中国国家版本馆 CIP 数据核字第 2024GP4304 号

NIJIA SHENGGUO FANERSAI: JIANZHU LINGYIMIAN
你家胜过凡尔赛：建筑另一面
[西] 米格尔·安赫尔·卡吉加尔·维拉 / 著
石丽丽 / 译

选题策划 轻读文库 出 版 人 朱文迅
责任编辑 彭 涛 特约编辑 靳佳奇

出 版 贵州出版集团 贵州人民出版社
地 址 贵州省贵阳市观山湖区会展东路 SOHO 办公区 A 座
发 行 轻读文化传媒（北京）有限公司
印 刷 天津联城印刷有限公司
版 次 2024 年 10 月第 1 版
印 次 2024 年 10 月第 1 次印刷
开 本 730毫米 × 940毫米 1/32
印 张 7.5
字 数 133 千字
书 号 ISBN 978-7-221-18498-6
定 价 35.00 元

关注轻读

客服咨询

献给安蒂娅和艾玛，献给诺亚，

献给西拉和小阿德里亚娜；

祝愿你们能够成为你们想成为的样子，

也许就是你们梦想中的建筑师。

目录

第二部分

① 索夫拉多修道院

② 凡尔赛宫

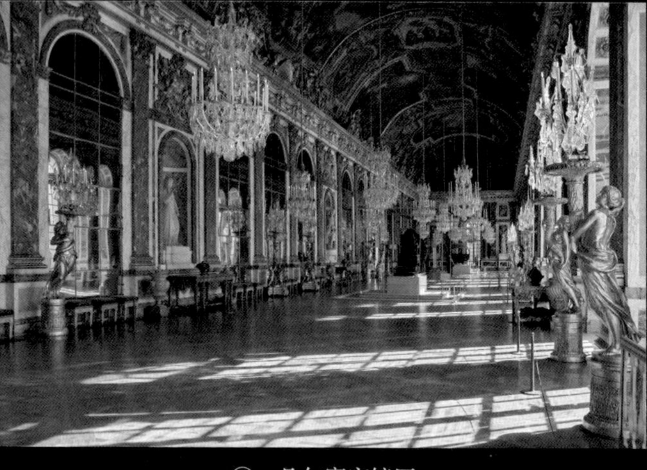

③ 凡尔赛宫镜厅

④ 正在建造的埃菲尔铁塔

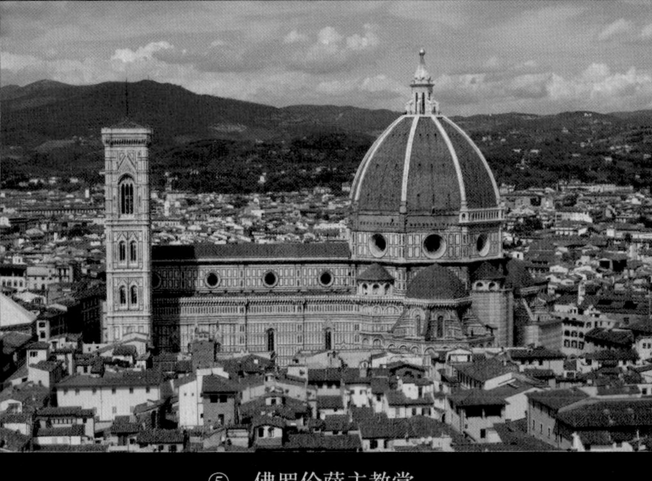

⑤　佛罗伦萨主教堂

⑥　弗兰克·盖里的家

⑦　毕尔巴鄂古根海姆博物馆

⑧　新加坡滨海湾金沙酒店

⑨ 蒂卡尔国家公园

⑩ 瓦尔登7号

⑪ 越战阵亡将士纪念碑

⑫ 麦加大清真寺

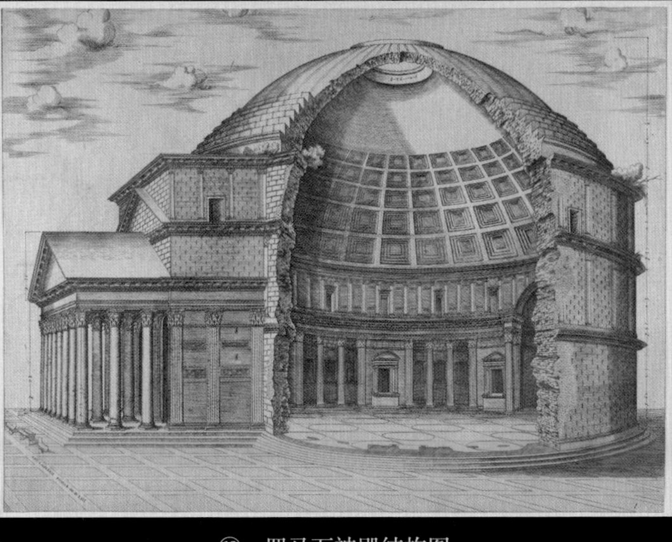

⑬　罗马万神殿结构图

⑭　蓬皮杜中心

⑮　柏林爱乐乐团中心的音乐厅

⑯　朱门特灯塔

前言

建筑与你息息相关

你每天睡觉和起床的房子就是建筑。你晚上在黑暗中从床走到厕所的距离是由建筑师决定的。如果你每天早上准备早餐的厨房太冷，那么我们谈论的就是一个建筑问题，就像楼上女邻居的高跟鞋发出的噪声一样，不可避免地会传进你的房子。

你小时候上的学校是一所建筑。你带侄女学习钢琴的音乐学院或每天早上送儿子去的学校也是建筑。然后，你去上班，你工作的办公室、公司总部或者谈业务的地方，这些也都是建筑。可能你为了到达那里需要在一栋公共建筑中乘坐交通工具，而那栋公共建筑就是由一位男建筑师或者女建筑师设计的。上班前或下班后，你可能会去体育场馆锻炼身体；闲暇时，你经常会去夜总会、剧院、电影院、博物馆或体育馆；当你生病时，你会去医院。在假期里，你会穿梭于车站和机场，住在酒店或租来的房子里，参观古迹。甚至，你不久前开始阅读的这本书也有可能是从图书馆借来的。建筑伴随着你的日常生活，或显而易见，或悄无声息。

建筑比其他任何创造性学科都更能影响你的日常生活。

然而，我们往往不太关注它。在我们的基础教育中，我们接受的是语言、人文、数学和科学方面的通识教育，但没有建筑学方面的教育。大家都明白，在成人生活中，我们需要一些代数知识，这一点毫无问题，因此在整个教育过程中，学校都教授代数知识。相反，我们却很少强调需要接受一定标准的建筑学教育，而这些知识是非常有用的。例如，在我们选择未来几年要付贷款的房子时，或者在我们规划工作空间布局时，以及在其他许多情况下，这些建筑学知识都会派上用场。

在西方，我们将建筑知识委托给了别人，而这些知识无疑是高度专业化的，但我们几乎没有作为关键群体来使用这些知识。这与其他领域类似，如法律和医学，它们也与我们的生活息息相关，但与建筑学一样，我们将其交给了高度专业化的人，由他们掌管与这些知识领域相关的一切。

我并不是提倡进行自学成才的建筑实践。但是，大部分民众与建筑的历史之间存在着普遍的脱节。我认为这是错失良机。

建筑不仅为我们的生活提供条件、陪伴着我们，它还是一门令人兴奋的学科，它让我们更接近、理解不同的社会和文化，并促进我们更好地了解当前的环境。我希望通过阅读本书，你能被这种热情感染，并希望这本书能向你展示一些分析建筑的关键方法，因为建筑是历史上人类活动的最佳证明。

人们常说，艺术使人类有别于其他动物，但同样真实的是，建筑也是另一个最具人类特色的创造性活动。这并不是因为人类建造了我们居住的住所（其他物种也会这样做），而是因为这种建筑是我们生存的核心，并贯穿我们的一生。如果你认为这种说法过于夸张，那么请记住，建筑甚至被用来区分不同的历史时期和人类文化。如果你算算自己一生中为买房花了多少钱，就能证明建筑在人类生活中的核心地位。

在本书的第一部分，我们将分析一些促进或阻碍我们理解建筑史的前提条件，这些前提条件也会对我们现在的建筑评判标准产生影响。我们评价建筑的直观方式，无论是对今天的建筑还是对过去的建筑，其中不乏陈词滥调。我们将在接下来的章节中加以探讨，但我们也将讨论一些热点问题，如建筑师在过去一个半世纪中扮演着近乎神圣的角色，或女性在建筑实践中已经遭受（并仍在遭受）的历史性的边缘化问题。

在“工具箱”中装满了这些概念和讨论之后，我们将转向本书的第二部分。在这一部分，我们将研究建筑类型学的概念，将其作为更好地理解建筑的一种手段，并研究人类在建筑活动中形成的一些最重要的类型学。只有这样，我们才能理解不同类型的建筑之间的差异，以及它们在不同时代和不同地点发挥不同功能的方式。

尼古拉斯·佩夫斯纳是有史以来最优秀的建筑史学家之一，他在关于建筑类型学的经典著作的开头就承认，建筑史首先是教堂和宫殿的历史。这意味着，他的论述主要是基于富人推动或建造的建筑。

在本书中，我们还将讨论宏伟的寺庙和豪华的住宅，因为历史上许多最具影响力的建筑正是依靠权力和丰富资源建造的。这些建筑往往代表了当时的先进技术，因此也是建筑技术不断进步的体现。此外，与其他较为简朴的建筑相比，这些建筑得到了更加精心的保护，这正是因为它们具有代表特定历史时期的价值。不过，我们也会为其他类型的建筑留出空间——这些建筑或许没有那么先进，但它们是建筑贡献的一部分，是特定群体文化发展的标志。

建筑的国际概念由西方主导。几千年以来，大多数非洲文化、许多亚洲文化和几乎所有大洋洲文化的发展都远离了强大的“纪念碑”概念，它们与建筑之间的关系更加和谐，在大多数情况下也更加持久。因此，大部分建筑史教科书都以欧洲和美洲的著名建筑为主，只有少数非常繁荣的亚洲文化（尤其是印度、中国和日本）的建筑熠熠生辉。除了那些个例，非洲和大洋洲的文化，以及没有发展出特定纪念性活动的欧美社群，几乎完全从主流建筑叙事中消失了。

从20世纪起，国际风格的胜利，以及其后或多或少成功了的相反风格，导致了某些建筑模式在全球范围内的扩展，这些诞生于西方的建筑模式已成为全球建筑的共有模式，在各大洲广为流传。在不影响当地建筑的地方特色的前提下，从上海的摩天大楼、奥斯卡·尼迈耶在巴西利亚参与设计的政府大楼、约恩·乌松设计的悉尼歌剧院和扎哈·哈迪德设计的北京大兴机场，都可以看到这种全球化风格的影响。所有这些建筑都可以在各大洲之间相互转换，而无须对其建筑形式进行丝毫调整。

本书寻求某种地理上的平衡，但不可否认的是，这是一本由西方历史学者撰写的著作，读者也大多来自西方文化。因此，我们将首先讨论欧美建筑史的法典。不过我认为本书中的许多内容都有助于理解建筑这一超越国界和大陆范围的人类现象，尽管其中使用的许多例子都是读者最熟悉的。

建筑与我们息息相关，不仅因为它能满足人类的不同需求，还因为它代表着一种激情，这种激情肯定与人类在生活空间中留下印记的需求有关。因此，我将从我对建筑产生激情的那一刻开始讲述这个故事。

引子

如何乘坐西雅特熊猫汽车前往凡尔赛宫？

那年我14岁，学校的一次作业改变了我的一生。

我的第一个艺术史作业是与两位朋友合作完成的，研究主题是一座位于拉科鲁尼亚省的内陆村庄中的修道院——索夫拉多修道院（Sobrado dos Monxes）。当时，也就是20世纪末，这个小镇的居民还不到三千人；如今，这个小镇的居民几乎减少了一半。为了更好地完成作业，我们计划去参观一下这座建筑。但由于乘坐公共交通工具前往索夫拉多并不方便，朋友的哥哥慷慨地充当了司机和摄影师的角色。

对于一个不谙世事的城市孩子来说，这样一次小型的研究旅行完全是一次探险。我清楚地记得清早、寒冷和雨水，坐在西雅特熊猫汽车后座上的旅程，以及我们在路上唱的西尔维奥的歌，但唱得并不专业。我还清楚地记得，汽油泵突发故障，在那个没有手机的年代，我们早上九点被困在结冰的路上。

正如我所说：这完全是一次探险。

也许是一路上新奇和探索的氛围影响了我，也可能是因为寒冷。当我们到达目的地，看到树梢间巨大的索夫拉多修道院时，我脖子后面的汗毛都竖起来了。我承认，我并没有司汤达综合征，读过我上一本书的人都知道。

我不知道你是什么时候对建筑产生兴趣的，但我的兴趣就是从那个时候开始的。

我猜你也对这一主题感兴趣，至少有一点儿兴趣，因为你现在手中就有一本名为《你家胜过凡尔赛》的书，我想你是出于乐趣而阅读这本书，而不是被迫的。直到那一天，我才意识到这一主题对我的吸引力，之前从没想过我会对建筑的规划、设计和建造历史感兴趣。我的童年没有旅行，也没有像许多孩子一样，在与家人一起的度假中去认识不同城市和著名古迹。虽然我是个博览群书的学生，但我阅读的书都是罗尔德·达尔、贾尼·罗大里、勒内·戈辛尼和布拉斯科·伊巴涅斯的作品。童年时期的阅读并没有让我对建筑产生特殊的好奇心。如果我读了当时还没有出版的《哈利·波特》，也许我会被霍格沃茨的城堡深深吸引，从而对建筑产生兴趣。但这并没有发生。

于是，在看到索夫拉多修道院后，我大受震撼。

首先，这座建筑与我之前看到的那些完全不同。我的故乡没有大教堂，也没有可供参观的大型修道院，所以这是我第一次走进这样的建筑。从修道院的回廊到功能空间，再到古老的厨房，我在参观时感到非常惊奇。如今，每次参观它，我仍然会惊叹不已。

不久之后，我发现家里墙上挂的一幅画是皮埃尔·帕特尔在1668年绘制的凡尔赛宫鸟瞰图的复制品。我当时并不清楚这座由随行人员、马队，以及华丽的四轮马车簇拥着的奢华且对称的建筑（其花园一直延伸到地平线），其实是一座由欧洲历史上最强大的国王之一——路易十四在巴黎郊区建造的王宫。凡尔赛宫的这幅特别的画像，就挂在我每天下午拉小提琴的房间里，因此我早已对它习以为常，就好像它是一张家庭老照片一样。

或许，这两座巴洛克风格的建筑对我未来的职业爱好有一定的影响。或许这只是一种纯粹的暗示。但事实是，不久之后，我设法让母亲给我买了一本菲利普·威尔金森的书，书中有一些保罗·多纳蒂（Paolo Donati）绘制的精彩插图，展现了一些世界上最著名的建筑：罗马斗兽场、阿尔罕布拉宫和紫禁城，也介绍了弗兰克·劳埃德·赖特的古根海姆美术馆和勒·柯布西耶的朗香教堂等现代建筑。当然，还有凡尔赛宫。

索夫拉多的作业、凡尔赛宫的画作以及关于世界古迹的书让我的心中逐渐萌发了对建筑史的热爱之情，而这种热爱从没消失过。因此，如果说本书的第一站是加利西亚的修道院，我第一次是乘坐一辆小型多功能汽车到达那里的。那么第二站就一定要直接去凡尔赛宫，后来我才发现我对这座巴洛克式宫殿的许多遐想是完全错误的。

第一部分

Chapter 1

你不是路易十四

电视剧片头：屏幕渐变为黑色，音乐，雨水。

我们在风雨交加的夜晚飞越凡尔赛宫。年轻的国王路易十四睡在他那豪华的房间里，躺在（更）豪华的床上。噩梦，也许是预兆性的梦。不稳定的地位和众多的敌人扰乱了这位年轻的法国君主的休息。

网飞最成功的欧洲系列剧之一就这样开始了。剧名毫无疑问是《凡尔赛》(*Versalles*，2015—2018)。电视剧的名字并没有用主人公的名字或他的“太阳王”称号，而是用了他建造的宫殿。这座宫殿在1789年法国大革命之前一直是法国王室的象征，也是整个历史时代的标志。从该剧的故事梗概可以了解到，这部剧向我们讲述了年轻的国王经历了童年时期辅政大臣以他的名义统治法国和他亲政后为巩固王位所经历的种种困难。当我们读到这里，看到扮演路易十四的演员在床上辗转反侧时，我们会感到好奇，或许也会有些担心。这个年轻的国王无从知晓自己的命数，但作为观众的我们知道，他的一生和他的长期统治将定义欧洲历史上的一段关键时期。

从凡尔赛宫的第一个航拍镜头开始，我们就已经认同了路易和他的斗争，即使这不是我们自己的斗争。我们从未在宫殿中生活过，17世纪的世界对我们来说是如此陌生，以至于世界上所有的历史类小说、电影和电视剧都不足以让我们对那个时代有一个最基本的、真实的了解。重要的是，作为观众，我们通过感同身受的方式，对这位年轻君主从此刻开始经历的事情产生兴趣，并通过他“参与其中”。故事的发展将充满极致的奢华、财富和感官享受。从今天的角度来看，这一切都与路易十四时代有关。

这就是小说的写作方式，当然这无须改变。无论是书籍、歌剧、漫画、电视剧、电影、播客还是电子游戏，任何故事的落脚点之一都是让我们认同故事中的主人公。从这一点出发，如果主人公的名字是伊丽莎白·贝内特[1]，那么这个故事的发展和主题将与维克多·弗兰肯斯坦[2]的故事不同。即使我们没有19世纪巴黎交际花的经历，我们也会被维奥莱塔·瓦莱里[3]的死所打动，这要归功于幻想的力量以及我们对其中男、女主角的认同感。

几个世纪以来，小说的发展激发了人类对建筑的浓厚兴趣，这种趋势在近几个世纪越来越明显。最初几乎只有少数富裕家庭会在旅行中参观重要的历史

1　伊丽莎白·贝内特是英国小说家简·奥斯汀最著名的小说《傲慢与偏见》里的女主角。——译者注（无特别指出，以下均为译者注）

2　维克多·弗兰肯斯坦是玛丽·雪莱的科幻小说《科学怪人》中虚构的科学家。

3　维奥莱塔·瓦莱里是歌剧《茶花女》的女主角。

古迹，但在今天，来自世界各地的成千上万的旅行者都在寻找他们喜爱的小说中出现过的地点和建筑。因此，当我们抵达罗马时，我们会感觉到奥黛丽·赫本扮演的安妮公主或托尼·瑟维洛扮演的捷普·甘巴尔代拉[4]的身影在我们面前一闪而过。

当然，这一切都很好，只要意识到这是虚构的故事。

正如戈雅所说，某些梦境会产生怪物，如果我们不区分幻想和现实，就会导致一些令人不快的情况。就像我曾经在“永恒之城”罗马目睹过的场景：夜半时分，在两个宪兵惊讶的注视下，一位过度狂热的瑞典游客粗鲁地在许愿池中游泳，仿佛在重温《甜蜜的生活》，而两个宪兵正在讨论应该由谁跳进许愿池来结束这位可怕的安妮塔·艾克伯格[5]模仿者的电影幻想。

我们可能从未跳进过著名的罗马喷泉里，但我们在参观不同的建筑或城市时，无论过去还是现在，肯定都重温过曾经虚构的幻想。有一首著名的歌曲唱道：“我们不是罗密欧与朱丽叶。”但每年都有数百万人花很多钱去维罗纳旅游。他们在那里参观一座假建

---

4 捷普·甘巴尔代拉是电影《绝美之城》的男主角，该片主要讲述了一个中年作家漫步在罗马，拾寻逝去青春记忆的故事。

5 安妮塔·艾克伯格是瑞典模特、演员与性感女神。曾经演出1960年的意大利电影《甜蜜的生活》（*La Dolce Vita*）。

筑，在假阳台上模仿凯普莱特家族的可怜小姐。游客要为此付钱，而且也愿意花这笔钱，即使这座房子和莎士比亚笔下的人物之间的关系，与他们和自己老家附近的体育馆的关系是一样的。

建筑具有强大的感召力，通常远远超过视觉艺术，因此在参观罗马风格的修道院时，很容易让人觉得自己是巴斯克维尔的威廉[6]，正在调查与亚里士多德《诗学》第二卷有关的神秘谋杀案。旅游业非常清楚这一现象，因为从吴哥窟到奇琴伊察，这些地球上游览人数最多的建筑，要接待数百万游客。这些游客主要是为了寻找历史的痕迹和逝去时代的芳香，通常是通过一个几乎完全虚构的故事，从中吸收或产生了大量的幻想。我们并不了解中世纪的修道院，不知道高棉首都成千上万居民的生活，也不清楚在卡斯蒂利亚人到达之前的中美洲人民的日常。但当我们参观这些地方时，我们的感知力会给我们提供一个美化过的版本，让我们理解产生这些建筑的不同文化和时代。

这些叙事想象的共同点是，它们总是从统计学上的不可能出发。

当我们在凡尔赛宫进行观光游览时，我们会想象自己是网飞电视剧开头那个睡在蓬松软垫上的路易十四。但实际上，如果我们生活在17世纪的法国，

6　巴斯克维尔的威廉是小说《玫瑰之名》的主角，一名方济会修士。

运气好的话，我们很有可能是负责大半夜给路易十四倒夜壶的人。

显然，以上论述是一种简化后的解释，我认为是可以理解的。在整个历史进程中，世界上的大多数人的生活都与这些伟大的历史性建筑代表的奢华和财富无关，就像我们和白宫里的椭圆形办公室无关一样。当然，让人们代入路易十四、蒙特祖马[7]或安妮·博林[8]的角色并没有错。为此，我们可以通过虚构的角色来实现我们人类的某些基本功能。但是，如果我们用同样的视角来评价和判断历史上的建筑，就会犯下很多严重的错误。

一方面，正如我们已经看到的那样，我们会误以为自己是有权势的少数群体，而这一点在时间的“随机转盘”中是不可能实现的。如果这还不够，我们还可以把自己想象成坐在成堆软垫上的路易十四，把当下的经历或假设直接搬到历史环境中，这样我们就虚构了“过去”。而我们想象的这种体验，是根本不可能出现的。这句话可能有点晦涩难懂，因此我们将用简单的例子加以说明。

即使我们是法国的国王或者王后，在凡尔赛宫这样的宫殿里生活，也会有很多我们今天根本无法想象的不适，因为这些不适很少在小说中出现。例如，路

7　墨西哥阿兹特克帝国的君主。

8　安妮·博林是英王亨利八世的第二个王后。

易十四和其他在波旁王朝的宫殿中生活过的君主一样，在凡尔赛宫生活期间一定无数次品尝过冷餐。事实上，在他的王室生活中，他可能几乎每天都吃冷食。和他一样，所有宫廷成员也是如此。因为在如此巨大的宫殿中，从厨房到用餐场所之间的距离非常遥远。在许多欧洲皇宫的观光游览中，游客们会了解到这一事实，但大家可能会对这些逸事一笑而过，很难意识到一生都在这种情况下度过意味着什么。现在，我们拥有大量的电器，可以轻松地加热任何我们想吃的食物。只要家里有一个微波炉，你就可以吃得比路易十四还要好。

这只是诸多不适中的一个例子。让我们真正站在叶卡捷琳娜大帝的角度来看待她的日常生活，我们就会发现，在金碧辉煌之外，圣彼得堡的冬宫不过是一座空荡荡的建筑，里面是冰冷的长走廊，且不可能装有空调。这就是为什么大多数在如此奢华的建筑中正式居住的欧洲王室成员都将他们的日常生活限制在几个房间内，这些房间比如今电影中出现的那种大厅要小得多，豪华程度也低得多，但却更加舒适。

想象一下，每一位拜占庭皇帝都患有一种常见疾病，这种疾病在资料中并不总能全部体现出来，但却与日常生活息息相关，比如简单的消化问题。你会得出这样的结论：现今在普通公寓里的生活比在君士坦丁堡皇宫里的生活更愉快。我们不知道曼努埃尔二世[9]是否患有肠易激综合征，虽然这听起来很像巨蟒剧团[10]喜剧小品的包袱，但却说明了我们如今崇拜的这些建筑，在日常生活中有许多令人不舒适的问题。因为它们是珍贵的历史古迹，所以我们把它们与极尽奢华的生活联系在一起。

当我的研究生涯开始时，我发现了一份内容丰富的文件，在这份文件中，圣地亚哥德孔波斯特拉的一位大主教公开了自己的“叛逆”行为：这位主教逃到了他的一座更小、更舒适的避暑山庄。面对圣地亚哥德孔波斯特拉居民的请愿，以及当地教会不断要求他重新担任教区牧师、承担他的责任，他都坚定地拒绝了：他声称，古老的中世纪宫殿的黑暗、寒冷和不舒适会导致他神经失常。如今，成千上万的游客慕名前来参观这座罗马式民用建筑的杰出典范，但只在里面逗留几分钟，不会像这位饱受精神创伤的大主教一样——他无法忍受自己的一生就在这四面都是花岗岩的墙内度过。

但是，许多历史性建筑的问题并不仅仅是缺少舒适度。玛丽·安托瓦内特[11]就是一个很好的例子，她的生平证明了凡尔赛宫这样一个宏伟的历史性建筑是如何成为一个真正的居住“陷阱”的。她身处于一个

9　拜占庭皇帝，1391—1425年在位。

10　英国的超现实幽默表演团体。

11　法国国王路易十六的妻子。

巨大的空间里，到处都是人，但与此同时，她的生活却与现实完全隔绝。试想一下，与成百上千的竞争对手生活在同一个屋檐下，而且有一大群人为你服务，可是严厉的宫廷礼仪从根本上说不过是一种缺乏隐私的体现。在巴洛克式的宫殿里，每天都有几十个素不相识的人与你擦肩而过，相比之下，那种在乘坐电梯时经常出现的不适感就不值一提了。

从照片上看，凡尔赛宫的镜厅堪称美轮美奂，但它并没有达到最基础的声学要求。博物馆和纪念馆的工作人员非常清楚这一点，因为长时间待在这样一个有回声的房间里是令人非常难受的。当我们在历史类电影中看到一段精彩的舞蹈时，我们会觉得它非常优雅和有趣。但是在音响设备发明之前，在凡尔赛宫镜厅这样的建筑空间里，历史事件形成的嘈杂和回音，与优雅的影片对白毫无关系。

在各大洲的绝大多数重要历史建筑中，尤其是在欧洲的主要古迹中，能源效率这种前卫的概念并不存在。大教堂和大礼拜堂非常不舒适，富裕的信徒往往会在里面放上各种小玩意儿、家具，甚至一些可移动的结构来御寒，而不太富裕的人甚至会在寺庙里点火，即使这样做极易引发火灾。如果我们只参观几分钟，就不太可能意识到这些建筑有多么不舒适，特别是对于那些一年到头在里面待上成百上千个小时的人来说。

换句话说，历史上最伟大的建筑无疑都拥有丰富的艺术内涵，但它们的主要居住者在很多情况下都是我们今天所崇敬的宫殿和庙宇的受害者。出于之前论述过的种种原因，英国女王伊丽莎白二世和她的曾曾祖母维多利亚女王一样，一有时间就会离开白金汉宫，前往位于巴尔莫勒尔的私人城堡（巴尔莫勒尔堡），那里有更小、更舒适、更私密的房间等着她。关于这位长寿女王最有名的逸事之一，就是她在苏格兰的度假胜地享受在一间普通的厨房里自己洗碗这种平民化的生活。

虽然很多人可能认为女王的这种行为有点装腔作势，但事实是，基于过去几个世纪宫殿式建筑流传而来的经验，当今世界上最富有的人在建造大型豪宅时，习惯于建造两个不同的区域：一个是用于展示和庆祝的大型空间，一般属于公共区域；另一个是一系列较小、较舒适的房间，用于居住者的日常生活。

当然，人们的住房状况千差万别，我们这个时代的一大耻辱就是，尽管科技不断进步，但仍有很大一部分人生活在恶劣的卫生条件下。这部分人可能会喜欢拜占庭皇宫或沙皇冬宫的居住条件，因为比他们现在住的房子更好。但我可以毫不夸张地说，大部分人的平均住房条件已经远远超过了过去的水平，因此，正在阅读这些文字的你们所居住的房子，实际上很有可能比凡尔赛宫还要舒适。

这种逐步改善建筑的趋势体现在许多方面，包括隐私保护、人体工程学、空气流通、效率、维护成本、物资采购、可持续性，甚至是居住者的安全。我知道，将欧洲最好的巴洛克宫殿与标准住宅进行比较太过于大胆。但是无论如何，这种假设对17世纪都是有利的。这是因为如果我们将现在的普通住宅与路易十四时期法国大多数人居住的房屋进行比较，我们就会非常清楚，在任何情况下，我们都不会愿意“搬到”那个世纪。

我所说的这一切可能都是显而易见的，但越来越多的人遗忘了这一点，只因为人们的单纯质朴，或者一种对经典建筑的情感寄托。

社交媒体上最奇特的现象之一，就是很多账号会出于莫名其妙的怀旧心理（如果不是纯粹恶意的话），将过去的古迹与现在的建筑进行荒谬的比较。不久前，一位男士在一篇文章中公开问道：“现在的建筑为什么和过去的不一样？”并用一个侮辱性的对比来论证其毫无根据的观点：将凡尔赛宫的照片与20世纪的一栋住宅楼的走廊进行对比。对于这样一场闹剧竟然有数以千计的积极互动，其中不乏支持这种误导性对比的声音，这无疑是十分令人担忧的。

就在那一刻，我明白了写这本书的必要性。

我们现在看到的凡尔赛宫并不是为了舒适、温馨和实用而建造的，这也是凡尔赛宫远未达到这些目标的原因。在凡尔赛宫的生活不仅比今天数以百万计的游客所幻想的要糟糕得多，而且游客看到的奢华装饰也是一种宣传手段，甚至是一种惩罚某些身在宫廷之人的政治工具。建造凡尔赛宫的隐藏意图更接近于奥威尔笔下的“老大哥”，而不是我们想象中的那种令人愉悦的魅力。

建筑不断进行着历史性演变，尽可能以更好的方式去满足不同的要求和条件。如今，任何一家建筑公司都会对过去的寺庙、大教堂和堡垒在技术和规划上的无效性摇头叹息。如果任何一个怀旧者能够在他们所崇敬的古迹里待上几天，那么他们就会很快停止这种无意义的比较。

每座建筑都是时代和特定环境的产物，因此，对历史的基本了解不仅有助于我们更好地理解这些建筑的建造过程，更重要的是有利于我们更好地理解孕育这些建筑的社会。另一方面，人类建造的任何建筑都遵循特定的类型学，因此，任何建筑的设计都是为了满足特定的需求，且其他类型的设计无法以同样的效率满足这些需求。

把凡尔赛宫和现代住宅相提并论，或者把哥特式大教堂和现代医院做比较，这就像有人问把橡胶潜水衣当睡衣穿会不会不舒服一样可笑。在本书的第二部分，我们将回顾一些主要的建筑类型，并通过人类生活需求的不同演变，以及每种类型的建筑所提供的解决方案来探讨这些建筑的不同价值。

不过，在此之前，我们先要讨论一些关键的观点，了解建筑学是一种社会性的、创造性的和历史性的现象。尽管这门学科从理论上尽量满足了不同的需求，但从另一个历史视角来看，这并不是一个通用的解决方案，因为它不能解释历史上那些在完全不同背景下建造的建筑。事实上，功能主义在20世纪的建筑界占据主导地位，但在更久远的历史时期，功能主义并不适用，因为许多最著名的历史建筑的建造都无法从实用性或解决问题的角度来理解。

它们只是“别的东西”。

现在，我们可能想到的最好的例子就是，路易十四在凡尔赛宫中的生活也许并不像我们想象的那样舒适。

Chapter 2

我们将永远拥有巴黎

1884年春天，两位欧洲工程师改变了建筑史。

其中一位名叫埃米尔·努吉耶（Émile Nouguier），是一位44岁的法国人，他的专业是采矿工程，尽管他因就业市场而转到了桥梁设计方向。他的年轻搭档是一位在德国出生的法国裔瑞士人，名叫莫里斯·科奇林（Maurice Koechlin）。这位曾就读于苏黎世联邦理工学院的学生在不到30岁的时候，就已经成为金属结构设计领域的创新者。这两位工程师和团队一起设计了历史上最好的桥梁之一，即当时刚刚通车的加拉比铁路高架桥。

在这座建于奥弗涅的优雅建筑刚建好的两年内，它一直是世界上最长的拱桥。1886年，著名的波尔图路易一世大桥取代了它的位置：这是一座设计风格十分大胆的高架桥，用于连接陡峭的杜罗河谷两岸。在体现葡萄牙殖民主义的衰落之余，这同时还是一处现代性的妆点。埃米尔·努吉耶和莫里斯·科奇林对加拉比高架桥失去第一名的头衔可能不是很失望，因为这座葡萄牙大桥也是由他们自己的公司设计的。事实上，埃米尔·努吉耶负责了此项目的大部分工作。

以上这个故事的主人公，可能大家对他们的姓氏并不熟悉，但他们却是埃菲尔铁塔的真正创造者。埃菲尔铁塔是一座世界上大部分人即使从一张简单的草图上也能一眼认出的建筑物。

科奇林意识到他所处的时代正在进行材料和建筑技术的革命，再加上法国大革命100周年庆典即将举办，于是他想设计建造一座巨大的金属结构建筑，就像他以前为公司设计的那些建筑一样。但这一次，他不想再设计一座桥，而是想设计一座300米高的塔。这座塔距离荣军院不远，它将成为世界博览会的焦点。1889年，作为法国首都的地标，这里还举办了革命周年纪念活动。

建造这座塔的主要目的不是别的，就是要达到不成比例的巨物感，这是一次世界性的挑战。事实上，在第一张结构草图中，科奇林就坚持采用疯狂的大尺寸。在图纸上确定建筑物比例时，他通过叠加几座代表性纪念碑建筑（比如巴黎圣母院、凯旋门和自由女神像）来确定铁塔的规模。工程师想要传达的信息非常明确：我的塔要和所有这些伟大的纪念碑建筑加起来一样高，还要在技术允许的范围内尽可能地高。

当创新型员工有了颠覆性的想法时，下一步通常是汇报提议，希望得到老板的支持和最终批准。但是，科奇林的老板，同时也是努吉耶的雇主，却对这位年轻雇员的巨型铁塔项目不以为然。也许是因为这个项目耗资巨大、结构复杂，但实际上毫无用处。它像一根300米高的铁“钉子”，插在巴黎市中心，这是一件非常具有破坏性和挑衅性的东西。现在的人们似乎不会这么觉得，因为已经习惯了它的存在。

如果当时的情况没有改变，科奇林的老板坚持拒绝他的方案，那么在过去的一个半世纪里，经典建筑的历史将会截然不同。但我们永远不会知道，因为努吉耶和科奇林的老板（顺便说一下，他的名字叫古斯塔夫·埃菲尔）最终改变了主意，通过了这个项目。

一座经典的建筑物首先应是设计者创意的产物，但令人啼笑皆非的是，这座塔的名字与设计者无关，却沿用至今。事实上，这个疯狂想法的真正作者是莫里斯·科奇林，颇具讽刺意味的是，如今他的名字在对19世纪金属结构感兴趣的圈子之外已无人知晓。但他却是当时那个世纪和之后的世纪里西方两大标志性建筑——埃菲尔铁塔和自由女神像的主要设计者之一。是他赋予了自由女神像精巧的结构框架，没有他，弗雷德里克·奥古斯特·巴托尔迪的女神像就难以建造。

事实上，埃菲尔最终认可了这个项目可以带来的利润。要知道，这位因为建造了一座工业革命的标志性建筑而享誉世界的工程师，本质上是一名金属工匠。在法国首都的市中心建造一座巨大的临时建筑，需要巨额资金的支持，这几乎不会引起建筑商的强烈兴趣。如果我们考虑到埃菲尔的公司不仅几乎垄断了必需的建造技术，而且在战神广场安装之前加工的所有部件，都来自这位工程师在巴黎附近的勒瓦卢瓦—佩雷拥有的工厂，那么就能明白，这就是一笔利益惊人的生意。当时的已知情况是，在万国博览会庆典结束后，这座建筑将被拆除。这个复杂的搭建过程很可能也会承包给安装它的同一家公司，这意味着第二次资金注入，以及一桩利润丰厚的生意。

在本书中，我不会对这一建筑的宏大比例进行点评，因为如今的巴黎人和游客都已完全接受了这一建筑。我想评论的是，1889年，铁塔建成之后，埃菲尔彻底退出了他的企业活动，全身心投入更轻松的事业，比如推广世界语和反对政治腐败。不幸的是，他退休后的第二项消遣却因所谓的“巴拿马运河工程的贿赂丑闻”而大受打击，这让他白白丧失了向法国人成功推销一座他们并不需要的巨型铁塔所建立的声望。

我们回到铁塔这个话题，努吉耶和科奇林向他们的老板提出的第一个想法也许过于苛刻，工程设计的轮廓有些离谱。于是，在埃菲尔的公司内部，他们稍微调整了一下。公司安排另一名员工——建筑师史蒂芬·索韦斯特（Stéphen Sauvestre）对其进行了一些改动，使其更符合巴黎人的喜好。毕竟，这不是公司习惯建造的铁路或者高架桥，而是一座非常高且毫无用处的铁塔，并且它将在巴黎市中心驻立数月之久。

索韦斯特的工作非常出色，他为这座建筑披上了优雅的外衣。从根本上说，他的任务就是将这个“钢铁巨人”转化成一个“金属淑女”，塔楼的装饰是他的杰作。特别值得一提的是连接支柱的大拱门，它让人不禁联想到埃菲尔公司建造的最著名的几座桥梁，于是很快成了铁塔的主要标志。

汉斯·季默的电影配乐并非他一人所做，而是由这位著名作曲家领导的一个庞大团队共同完成的，埃菲尔铁塔也是类似的情况。它至少有四个“父亲”，尽管它只冠以其中一人的姓氏。科奇林最初的构想与我们现在在巴黎战神广场上看到的，经过努吉耶之手，并在埃菲尔的授意下由索韦斯特“润色”后的埃菲尔铁塔有许多不同之处。当然，在这座塔的建造过程中，还有更多的人手和更多具有决策权的人才参与，但我们坚持一次又一次地告诉世人，它出自天才工程师古斯塔夫·埃菲尔之手。我们对这一说法非常满意，因为我们总是想对敬仰的事物的创造者进行单独表彰，而这一说法符合了人们的期望。

这是埃菲尔铁塔给我们上的第一堂建筑史课：建筑一般都是集体艺术的结晶。在所有创造性学科面前，我们都显示出对“唯一的天才”这一概念的持久迷恋。但在建筑领域，如果我们考虑到任何一座建筑从设计到开始施工和竣工的许多细节，都需要众多人力和人才的参与，那么将成就归功于一个人的做法甚至比其他艺术领域更加不合逻辑。

然而，这座插在巴黎市中心的巨型尖塔也给我们带来了许多其他的启示，那就是我们对建筑的不寻常的看法。如今，当一些特别引人注目的建筑项目因缺乏实用性而遭到公众批评时，我立即就会想到埃菲尔铁塔。18 000多块铁，250万个铆钉，共7000吨金属构成了这座铁塔，并且每隔几年翻新一次外层还需要大约60吨油漆。但是，这一切都没有白费，因为现在这座塔已经成为世界上参观人数最多的纪念碑式建筑。可是，在它建成的前半个世纪，情况并非如此。

今天，像埃菲尔铁塔这样的项目会引起极大的争议。但我们不要忘记了：在铁塔建造之初，这种争议也是存在的。没有人记得那些抱怨、抗议和谴责，它们只是这座纪念碑式建筑丰富历史中的又一个小插曲罢了。这些都成了导游介绍铁塔时必讲的经典逸事，导游会用这些逸事换来旅行团的成员们会心一笑："你们知道吗？在修建这座塔的时候，有很多人反对呢！"（观众们发出难以置信的笑声，并做出不相信的手势。）

19世纪批评埃菲尔铁塔的人不应该受到批判，因为他们并没有错。事实上，如果我们了解他们所处的时代背景，就知道他们是完全正确的。被崇拜的埃菲尔铁塔是一座不必要的建筑。它能够受到全世界人民的喜爱，要归功于大众传媒和国际旅游业的不断进步。但在当时，埃菲尔铁塔不仅是一笔不必要的开支，还破坏了城市的整体规划，因为它比巴黎的任何其他建筑都要大得多。

科奇林的疯狂想法后来得到了埃菲尔商业头脑的支持，铁塔得以长期存在，并得到了全世界数百万人的无条件认可。我们应该记住，这座著名的纪念碑式建筑在当时并不像在今天这样受人欢迎，几十年来，人们对它漠不关心。

第二次世界大战之后，一切都发生了变化，这场战争使埃菲尔铁塔首先成了被纳粹占领的象征，随后又成为巴黎解放的象征。当时，如果没有科奇林建造的指数型金属铁塔，大多数法国人和外国人都很难记住巴黎这座城市的样子。它不成比例的金属轮廓一夜之间成为法国首都复兴成为时尚之都的完美象征。随后，世界旅游业兴起，埃菲尔铁塔最终成了欧洲最伟大的标志。

以上提到的价值都只能由一座相对年轻的纪念碑式建筑来代表。最重要的是，这座纪念碑式建筑没有任何以往的意识形态包袱。巴黎圣母院曾是20世纪巴黎的标志性建筑，但现在已不再是了。如今它是一座有特定宗教意义的教堂。巴黎的主要古迹也是这样：凡尔赛宫代表君主制的历史，凯旋门凸显帝王风范，巴黎歌剧院意味着上层资产阶级的奢侈。如果把它们作为新法兰西的旗帜，未免太传统了。

另一方面，这座塔作为一种世俗的标志，同时也是关于现代技术的记忆——正是现代技术使它的出现成为可能。而且，由于它的几何形状非常简单，即使只具备最基本的艺术技能的人也能把它画出来，显然没有别的建筑比它更适合作为巴黎的全球标志。

2015年11月13日，法国首都遭遇了一波可怕的恐怖袭击，上百人丧生，数百人受伤。当时，世界各地的社交媒体上流传着一张简单的世界大团结图片：一张埃菲尔铁塔的图片，作为和平的象征。这是一座承载历史悖论的建筑，如果我们冷静地分析，它会是“投机”建筑的完美代表，但变成了一张有着四条线的图片，连接着法国与世界。符号战胜了建筑本身，成了一个象征。

埃菲尔铁塔之所以能够取得举世瞩目的成就，得益于我们将在下一章中了解的一件事。尽管人们不愿意承认这一点，但历史上许多最具影响力、最著名的建筑都诞生于人们的一时兴起和打造惊世之作的决心。在乌托邦的推动下，建筑在历史上多次取得进步——这样的例子不胜枚举。

世界上许多最令人钦佩的建筑也曾是“天方夜谭”，特别是对许多人来说象征着建筑学走向成熟的一座建筑，如果不是因为意大利某座城市不可救药的疯狂，它根本就不会存在。

Chapter 3

布鲁内莱斯基的“天方夜谭”

如果你去过佛罗伦萨，你就会知道，从这座城市的各个角落都可以看到大教堂的圆顶。事实上，即使你没有去过佛罗伦萨，你肯定也知道它，因为世人皆知。

自从菲利波·布鲁内莱斯基富有想象力地解决了一个欧洲历史上最伟大的建筑难题之后，佛罗伦萨就成了一座被穹顶包围的城市。很少有建筑能比圣母百花大教堂穹顶的阴影面积更大，我指的不仅仅是佛罗伦萨历史文化中心的大片区域被这座比例失调的建筑所遮挡，更是它对之后所有代表性建筑的巨大影响。只有罗马万神殿、伊斯坦布尔圣索菲亚大教堂、苏丹尼耶圆顶和耶路撒冷圆顶清真寺的穹顶才能与之相提并论。

布鲁内莱斯基之所以被誉为第一位现代建筑师，正是因为他以理性、创造力和建筑史应用知识为基础，用新颖的技术方案解决了旧有的建筑问题。从根本上来说，这位佛罗伦萨大师的技法是宝贵的经验。在世界各地的建筑学校中，成千上万的建筑系教师都会向他们的学生传授这些知识。

事实上，如果我们远离这种更规范、更学术化的解读，可能会意识到，这位佛罗伦萨建筑师所做的一切与在前一章中了解的埃菲尔铁塔并无太大区别：他利用自己掌握的手段建造了尽可能“巨大”的建筑，但不同的是，他并没有使用前卫的技术和新材料，而是大量借鉴了哥特式和地中海式的传统风格。

就这样，佛罗伦萨的穹顶夺走了罗马万神殿长达千年的辉煌统治，成为世界上最大的穹顶。时至今日，佛罗伦萨圣母百花大教堂仍拥有有史以来采用砖和砂浆建造的最大的穹顶，原因只有一个：因为从来没有人认为争夺这一宝座是有用或有意义的。这意味着，布鲁内莱斯基实现了西方建筑史上的第一个“天方夜谭”，它被理解为一个充满技术和智慧的过程，同时也是对想象力的纯粹挑战。

圣母百花大教堂的问题由来已久。与建筑史上几乎所有的伟大建筑一样，具有重要的政治和意识形态意义，但在这个问题上，它仿佛是一个无法愈合的伤口，一个多世纪以来一直在人们的骄傲中流血。

佛罗伦萨也许是托斯卡纳大区最著名的城市，是文艺复兴的摇篮，在意大利享有举足轻重的文化地位。1865年至1871年，在意大利复兴运动（统一）中，佛罗伦萨被临时定为国家首都。但早在几个世纪前，在这一地方运动兴起并演变为全国性现象之前，这个地处阿诺河中游、地理位置并不优越的城市，曾为争夺该地区的经济和政治霸权而与其他邻近城市展开过激烈的争斗。时至今日，这里的居民仍与邻近的比萨和锡耶纳保持着延续了数百年的竞争关系，让人对那些遥远的争端记忆犹新。

中世纪是托斯卡纳大区动荡不安的时期，但由于佛罗伦萨在羊毛贸易上取得了非凡的成功，其地位最终得到了巩固。美第奇这个家族尽管发源不详，却在国际上成为财富和品位的代名词。距科西莫·德·美第奇出生近一个世纪前，佛罗伦萨就已经是意大利以及欧洲的主要经济引擎。佛罗伦萨的人民和最杰出的公民都希望有一个成功的象征性建筑，能够与这一超越比萨和锡耶纳的超速发展匹配。

就这样，1296年，圣母百花大教堂动工了，这是一个目标明确的巨大工程：佛罗伦萨想要一座世界上最大的基督教教堂。事实上，最初的设想是能将全城的人口都安置在这座未来的教堂中。为了完成这项工程，托斯卡纳大区雕塑家阿诺尔夫·迪·坎比奥应邀加入，他曾参与罗马一些主要大教堂的设计工作，经验丰富。

佛罗伦萨共和国和城市的行会都要承担这笔巨大的开支，其中最重要的行会——羊毛艺术行会的工程管理尤为突出，该行会不仅掌握这座城市的主要商业活动，据估计，该行会还雇用了佛罗伦萨三分之一的人口。这意味着这座世界最大的基督教大教堂的工程将严格按照世俗的方式进行管理，教会或佛罗伦萨大主教本人都没有任何决策权。这是一个非常现代的管理方式，但如果放在今天，这会引起很多人的反感。

佛罗伦萨当时的当权者可不是闹着玩的。为了筹措工程资金，他们对所有私人财产征收特别税。按照欧洲的惯例，新大教堂计划占用旧大教堂的原址，但原有的圣雷帕拉塔大教堂太小，保存状况也不太乐观。因此，当新大教堂的工程进行到一定进度后，原址上的旧教堂将被拆除。但是，由于新大教堂的规划规模十分宏大，这块场地远远不够。于是，他们拆除了附近的第二座教堂，该教堂供奉的是圣米盖尔；他们还夷平了整个市中心，拆掉了许多房屋，数百名居民被迫搬迁；他们挖掘了圣乔瓦尼洗礼堂周围的坟墓，并将这些墓地迁移到另一处；他们甚至改变了街道的布局和标高，以便这座新建筑能够俯瞰全城。

在世纪之交的关键时刻，这个象征着佛罗伦萨发展的巨大工程让他们欣喜若狂。但他们不知道的是，世纪之交的头几十年将是整个欧洲发展的戏剧性时期，给佛罗伦萨当地蓬勃发展的贸易带来了严重的打击。那些在重大经济危机爆发不久前开始雄心勃勃地投入某些项目建设的人，可能会对14世纪的佛罗伦萨以及15世纪初伴随黑死病而来的巨大打击产生共鸣，而在当时，基督教最伟大的大教堂项目才刚刚起步。

圣母百花大教堂就这样变成了一种集体性的精神创伤。

新大教堂的工程从一个值得骄傲的对象变成了一

个被人嘲弄的象征，这座城市陷入了非常严重的经济危机。到了14世纪中叶，佛罗伦萨不得不进口奴隶作为劳动力，特别是阿迪格人和鞑靼人，因为当地人口下降到了前所未有的水平，连最基本的工作都缺少人手。在这种背景下，我们就不难理解为什么建造一座巨型大教堂的计划会被搁置，以及为什么像这样的建筑工程会经历无数的波折。

动工近60年后，新大教堂的建设几乎停滞了30年，已经完成的工程寥寥无几，仅有的一点进展也显得微不足道。当地居民仍然前往旧的圣雷帕拉塔大教堂进行礼拜，半个多世纪以来它一直在等待着“退役”。城市中心被夷为平地后，为建设新教堂预留的空地每天都在提醒人们佛罗伦萨的失败。

当时，人们试图在著名的钟楼工程上取得进展，该钟楼的设计和建造由乔托和安德里亚·皮萨诺两位大师负责，但两位大师去世后工程暂停，钟楼也仍未完工。这是一场双重灾难。

今天，几乎没有人意识到，这座奢华的大教堂如今仍是世界上最大的基督教教堂之一，也可能是欧洲最宏伟的历史建筑。在很长一段时间里，这是一个巨大的问题。建筑史不是即时性的历史。圣母百花大教堂的诞生是如此漫长，以至于整座建筑在奠基近800年后才于1887年以新哥特式外墙完工。

但我们还是要回到14世纪。

在1355年左右，当人们重新开始建造阿诺尔夫·迪·坎比奥的“比生命还重要”的项目时，他已经去世几十年了。俗话说：“小心驶得万年船。”但很显然，这句谚语在佛罗伦萨并不具有法律效力。或许当时有人建议，为了谨慎起见，最好是选择建造一座规模较小的教堂，而且至少是一座能完工的大教堂，但似乎没有人听从这个建议。

佛罗伦萨最终克服了危机。由于有了新的资金和人力，前景充满希望，该项目得以重新启动，建造者的雄心壮志丝毫没有减弱。相反，在1357年至1365年期间，人们制订了各种计划和项目方案，用来体现建造一座巨型大教堂的理念。这个新工程是钟楼和中殿主体的最终工程，一直持续到14世纪下半叶才完工。

佛罗伦萨致力于建造这座夸张的建筑。其中最有趣的是，在工程恢复时，关于建造可以覆盖整个教堂大祭坛的穹顶的设想有一个公开的秘密：基本上每个人都知道，建造这个穹顶是不可行的，因为以前从未建造过这么大的穹顶。这个穹顶要覆盖的空间甚至比罗马万神殿的穹顶还要大，这座著名的罗马建筑的穹顶是用混凝土建造的，然而这种材料的制造工艺已经失传。

所有的历史迹象都表明，善良的阿诺尔夫曾设想他的项目最终将呈现出一个巨大的穹顶，在很大程度上让人想起罗马的万神殿和君士坦丁堡的圣索菲亚大教堂，他有些自命不凡。对他而言幸运的是，当他需要对这部分建筑进行详细设计时，他已经去世了，因此他不必为自己的过度乐观向赞助人交代。

请记住，为这项工程买单的是羊毛商人，他们对建筑并没有太多的概念。但他们对大教堂的穹顶有一个明确的想法——希望它能大一些，不管这行不行得通。因此，我们不知道这个大胆的“史上最大穹顶”的建议是出自参与工程的不同工匠之手，还是源于赞助人的诱导。

事实上，人们对此有很多猜测，但我们并不知道圣母百花大教堂的第一位建筑师的想法是什么，他是如何解决他和他的赞助人将如此夸张的尺寸强加给这座建筑所造成的问题的。他似乎为自己的项目制作了一个大型模型，供老板们评估，但由于穹顶的重量过重，将主体建筑压塌，模型也随之破碎。这是一个非常有说服力的预兆，但对任何人都没有起到警示作用。

1387年，大教堂的赞助人不甘心，又委托几位艺术家制作了一个新的模型，并强制性地要求穹顶成为大教堂的一部分。从那时起，不管是谁负责这座建筑，都要面临建造这个巨大穹顶的问题，尽管他们对如何建造该穹顶毫无头绪。然而，主要的问题是——尽管这不是唯一的麻烦——要建造这样一个巨大规模的穹顶，起拱方法和脚手架并不起作用。

随着大教堂主体工程的推进，佛罗伦萨不得不面对现实了。尽管没有人知道如何建造穹顶，施工仍在进行，这是人类历史上的魔幻时刻之一，就像是建筑领域的“太空竞赛”。佛罗伦萨想要一个穹顶，并坚信只要时机一到，就会有人想出一个绝妙的主意（来解决问题），而进行到当下，指导这项工程的大师们还没有想出这个主意。

世纪之交迎来了关键时刻。工程进行到了穹顶的环壁部分，停在了不可能完成的地方，剩下的就是需要有人施展魔法了。工程的管理者做出了一个在今天看来是常规的决定，但在当时却是一种现代性的体现——公开招标，希望有人能解决这个建筑之谜。

这一年是1418年，令人惊讶的是，人们提交了许多方案。对于一座需要探索建筑史上未知领域的建筑来说，最谨慎的做法或许是保持沉默。民众提出的想法非常多，但如今只剩下只言片语。这表明了人文主义的发展，以及新的科学工具应用于建筑和艺术，给人们带来了新的信心。

文艺复兴开始了。

这场招标是一件非常严肃的事情，历时两年。羊毛艺术行会的赞助人对近20位候选人进行了测验。由于最终的作品将是如此具有实验性的一座建筑，以至于没有人愿意冒险。今天，我们将过去的建筑视为经得起时间考验的瑰宝，但由于过于乐观或缺乏谨慎，教堂的塔楼、屋顶倒塌的情况屡见不鲜。在佛罗伦萨，他们并不希望发生类似的事情，因而根据实际情况，谨慎行事。

我们总是把菲利波·布鲁内莱斯基想象成西部电影中勇敢的牛仔，当小镇上惊慌失措的村民来找一个志愿者去对抗偷他牛的歹徒时，他举起了手。600年来，建筑史将皮波（阿尔贝蒂这样称呼他）奉为偶像，因为他在那一刻对自己的知识力量充满了信心。

当大教堂的模型制作完成时，人们意识到，未来的大教堂建造者必须建造一个穹顶来覆盖大教堂的大祭坛。当时，布鲁内莱斯基还是一个十岁的孩子，他很难想象自己会成长为实现这一壮举的主人公。布鲁内莱斯基的革命性贡献不在于穹顶本身，因为这一点是后人强加给他的。他的贡献在于使大穹顶成为可能的执行能力：布鲁内莱斯基创造的是使这一乌托邦计划成为现实的工具和与之匹配的后勤保障。

然而，尽管没有人质疑布鲁内莱斯基是这一绝佳操作的主要灵感提供者，他为圣母百花大教堂的困境提供了解决方案，但其过程更类似于我们通常在建筑史教科书上所看到的学院派的解决方案。

1419年，在竞标尚未结束的情况下，缺乏经验的布鲁内莱斯基在佛罗伦萨接受了四项重要的建筑委托，这些委托有助于磨炼他的技能。在他受委托建造的四座建筑中，有两座是由大教堂工程的幕后赞助人羊毛艺术行会支付资金的。这两座建筑都有穹顶：圣雅各布教堂中的里多尔菲小礼拜堂和圣菲莉西塔教堂中的巴巴多利小礼拜堂。虽然这两座建筑都没有保存至今，但我们知道布鲁内莱斯基在这两件作品中都小规模地展示了他为解决大教堂穹顶问题提出的形式和方法。这就好像大教堂工程的负责人在向候选人购买最终方案之前，会给最有前途的候选人一笔奖金，这笔钱被用来向他们证明这位候选人的想法是可行的。

在经过初步测试和公开展示之后，工会又一次做出了出人意料且十分前卫的最终决定：布鲁内莱斯基并没有像许多人认为的那样赢得穹顶设计竞赛，事实上，他也从未获得为优胜者准备的奖金。相反，大教堂管理部门任命他为大教堂总监，同时任命的还有他的劲敌洛伦佐·吉贝尔蒂，后者也参加了竞标。两人都是雕刻家，而且都参与了圣乔凡尼洗礼堂大门的设计竞赛，布鲁内莱斯基在比赛中被吉贝尔蒂击败，获得了第二名。因此布鲁内莱斯基可能对自己必须承担的任务分工不太满意。如果说太空竞赛是在两个伟大的世界级对手的支持下进行的，那么布鲁内莱斯基则被迫与他的伟大对手并肩作战。几乎所有关于佛罗伦萨文艺复兴的书籍里都有类似观点，这种情况导致了两人之间的矛盾和争吵，但事实是，很少有证据表明存在这种斗争，也许是因为两人在这一项目中的利害关系都太大了。

吉贝尔蒂以前的建筑经验甚至比布鲁内莱斯基

还少，因此行会还任命了另外两位副手与他们并肩作战：一位是泥瓦匠巴蒂斯塔·达·安托尼奥，他曾在大教堂工作多年，主要负责后勤工作；而另一位是人文主义者乔瓦尼·达·普拉托，他负责大教堂的建造，但是，他完全不认同布鲁内莱斯基的想法，认为穹顶会导致教堂采光不好。

我们应该承认，作为哲学家并在大学教授但丁作品的乔瓦尼·达·普拉托，对穹顶影响采光的看法是正确的。如今，人工照明可以很方便地解决光线不充足的问题。布鲁内莱斯基被要求用世界上最大的穹顶来填补那个巨大的缺口，而不是将大量光线引入教堂的内部。由于普拉托的解决方案是在穹顶的底部设计24扇窗户，这种设计上的变化在结构上是不可能实现的，因此他们从未理会过他的反对意见。

随着时间的推移，吉贝尔蒂可能是因为技术上的问题最终退出了。另一方面，正如我们刚才讨论的那样，乔瓦尼·达·普拉托的建议通常被置之不理，而布鲁内莱斯基一直在负责这项工程，直到去世。这就是为什么他被“神话”为这座令人眼花缭乱的建筑的唯一的“父亲”。但事实是，这奇迹般的穹顶并不是一个人凭着绝妙的构思创造出来的，也从来没有离开过不同的委员会的外部监督。恰恰相反，它的建成要归功于一个漫长而关键的程序，与今天科学界所说的同行评审并无二致。

布鲁内莱斯基亲自设计了其工程设计所需的工序、工具、机器和脚手架，并特别关注使用材料和安装布局。他制订了一个大胆的计划，以确保穹顶本身能够在大部分施工时间内实现自我支撑：穹顶的施工是在一种可以支撑的水平链条上进行的，巨大的链条位于角落里，它的一半从外面是看不到的。在一整个条形结构完成之前，不可能进行下一个条形结构，这就像蛋糕的层次一样——先在水平方向上延展，然后再在垂直方向上建构。采用这种方法，就可以在不需要拱模的情况下，利用较小的临时或可移动的脚手架进行施工，这解决了该项目的一个主要后勤问题。

佛罗伦萨大教堂穹顶的整体结构是由双层外壳构成的。外壳薄得多，也轻得多，呈现出理想的外观，而内壳则要比外壳厚三倍，也重得多，起着支撑的作用。穹顶的关键部分是最高处，因为整个结构是向内倾斜的，这样一来，结构的自承能力就会失效。在这部分，布鲁内莱斯基使出了浑身解数，采用了著名的“人字形”砖块排列方式，与罗马式的“人字形”铺砖方法非常相似。就像一个优秀的魔术师一样，建筑师向我们呈现了一个穹顶，但这个穹顶的内核与教堂的回廊拱顶更为相似。

布鲁内莱斯基的技术建议完全正确，1420年，他起草了一份著名的文件，这份文件非常现代化。由于赞助人要求以书面形式提供设计的细节，因此大师通过这份文件确定了施工过程中的一些关键点。过去，乔托或皮萨诺的逝世曾导致工程进度的严重停滞，而这份文件，就像是一个非常初级的项目执行说明书，可以用于确保穹顶的解决方案在大师逝世后仍然可以实施。有了这份文件，就好像负责建筑的赞助人从布鲁内莱斯基手中买下了这个项目，同时，建筑师也在合同上落实了会对工程负责的条款。这种做法在当时非常新颖，但也有风险，因为建筑师本人可能会在工程中变得可有可无。

这也许就是布鲁内莱斯基对他在大教堂中开发的许多技术解决方案如此谨慎的原因。这座建筑在过去几乎是不可能完成的，但对其主要设计者来说，捍卫自己在建造这座建筑这一过程中的角色也非常重要，因此他不遗余力地证明自己是不可或缺的。如果没有布鲁内莱斯基的创造力，也许大教堂是不可能建成的，但我们也不能忽视这样一个事实——围绕如何完成穹顶这个问题长达数十年的争论为这位大师提供了帮助，即在他之前已经有数十位学者对这个问题进行了理论探讨。

从形式上看，佛罗伦萨穹顶是欧洲最后一个伟大的哥特式建筑。我们常常把它视为文艺复兴时期的典型代表，却忽略了它在建筑传统上是哥特式的：它基本上是一座由“肋骨”支撑的尖拱组成的拱顶。如果我们考虑到布鲁内莱斯基之后的意大利建筑师对比例的追求，那么它的规模本身就不是很“文艺复兴”。乍一看，佛罗伦萨的穹顶比例似乎并不匀称。此外，这座穹顶是非常国际化的，因为双层外壳的解决方案以及所采用的其他技术装置，比如使用铁钉焊接的石链来使环形墙更加稳固，这些似乎都是从波斯和拜占庭的建筑中借鉴而来。

这个极具实验性的作品对建筑史的巨大贡献，除了其巨大的规模和魅力之外，还在于它的主要设计者，以及使它得以问世的社会在应对挑战时所采用的现代化、学院派和知识性的设计过程。

布鲁内莱斯基显然没有看到大教堂完工的那一刻。

自1426年以来，人们就一直在谈论将灯笼作为穹顶顶饰的问题，尽管制作圆顶灯笼还需要很多年的时间。这位大师直到10年后才提交了一份确定的计划，这很可能是因为穹顶的日常建造，加上他计划中的其他建筑，并没有给他剩下很多空闲时间。现在看来，布鲁内莱斯基为完成“他的”穹顶而参与另一场竞赛似乎有些奇怪，但在当时，人们对这一建筑作品及其主要设计者的认同感并不像今天这样强烈。有资料显示，当时的灯笼设计竞赛中出现了许多不同的方案，其中包括首次提到的一位女性建筑师，她提出了自己的方案，但未获批准。

1446年，布鲁内莱斯基去世时，穹顶中最具文艺复兴风格的部分——圆顶的收尾工作才刚刚开始。

到1461年大教堂竣工时，意大利文艺复兴时期的新一代艺术家已经在大教堂和布鲁内莱斯基这位大师的传奇影响下成长了起来。布鲁内莱斯基填补了佛罗伦萨大教堂那原本不可能完成的缺口。大教堂的其他部分尚未完工，事实上，甚至连穹顶的装饰都没有完成，但这并不重要。作为一个传奇故事，布鲁内莱斯基的英雄之作成了文艺复兴时期首都的象征，并一直保存至今。尽管正如我们所见，这座大教堂有更多的哥特式、罗马式甚至波斯风格。

就圣母百花大教堂而言，其技术工艺的独创性、材料的精心选择以及施工的难度都是布鲁内莱斯基的穹顶成为世界建筑史典范的原因。显然，与埃菲尔铁塔一样，布鲁内莱斯基穹顶的巨大尺寸也是其成为神话的一部分原因，它的魅力是不容忽视的。所有这些因素使它成为一座标志性建筑，与丹麦建筑师约恩·乌松设计的悉尼歌剧院或弗兰克·盖里设计的毕尔巴鄂古根海姆美术馆如出一辙。

这就引出了一个令人不安的问题："古根海姆效应"[1]是布鲁内莱斯基创造的吗？

---

1 古根海姆效应指古根海姆博物馆给毕尔巴鄂地方经济带来的效益，如今已成为众多大学的研究课题。因为古根海姆博物馆的落地，以及连带着产生的"古根海姆效应"，这个曾在20世纪80年代遭受洪灾与经济危机打击的衰退工业城市，在过去二十年间，一步步走向宜居，成为充满生命力的艺术文化之城。

Chapter 4

请给我
一根钛钉

曾经有一位建筑师，他像孩子一样用剪刀、纸板和胶带工作。他用这些脆弱的简陋材料制作出了有史以来最奇异的建筑模型。有一次，他在毕尔巴鄂做了一个模型，随后整个世界都为之疯狂。

弗兰克·盖里是世界上最耀眼的建筑明星之一，自从他设计翻新自己的房子后，圣莫妮卡就发生了翻天覆地的变化。他与第二任妻子贝尔塔·阿奎莱拉一起，在加利福尼亚州买下了一栋20世纪20年代荷兰殖民风格的小平房，打算将其翻新为工作室和家庭住宅。

盖里因为反犹太主义的盛行而改姓戈德堡，他一直对艺术比对建筑本身更感兴趣，因为他认为艺术界的人更有创造力。当他搬到圣莫妮卡时，他已经不是一个渴望挑战世界的年轻建筑师：他已经快50岁了。他年轻时曾是一名卡车司机，也曾是一支业余摇滚乐队的成员，这个摇滚乐队有一个难以翻译的名字——“五袋屎”。他曾在巴黎短暂工作过，后来回到了美国，在那里他一直非常低调。

也许正是因为，在此之前，平庸一直主导着他的职业生涯，所以他对那栋粉红色平房的改造是一种激进的挑战。我们将在本书的第二部分看到，一些建筑师在建造自己的住宅时，通常会特别注重理论，因为在这种情况下，可以避免与普通住宅的许多差异。至少在理论上是这样，因为弗兰克希望翻新，而贝尔塔则希望这栋平房保持原样。

在这种情况下，婚姻中的两方对未来的房子有不同的想法，这导致了盖里想出一个大胆的解决方案："如果我按照妻子的要求保留这座建筑，同时又按照我的要求对它进行翻新，那会怎么样呢？"这听起来很荒唐，但事实上他就是这么做的：盖里的房子是一种"薛定谔的"平房，同时展现了它的原貌和新貌。弗兰克使用波纹钢、胶合板和金属网等常见材料，为房屋设计了一个新的外墙，这样就可以同时看到旧的外墙和从旧外墙中生长出来的新建筑。

这就是盖里如何设计出了一个处于永恒变化过程中的翻新项目，在这个项目中，一栋房屋的不同时刻在当下实现了共存。当然，对于圣莫妮卡这个体面的社区来说，这十分令人吃惊。作为一个从未完成的过程的一部分，仿佛两座建筑同时出现在人们的视野中，对于一个五十多岁的建筑师来说，如果从来没有机会炫耀自己的设计，那么他的脑袋肯定会受到极大的刺激。但是，他的作品看起来就像未完工的劣质住房，这让邻居们对他不太喜欢，不过，它确实立即震惊了艺术界，并引起了足够的关注，使他的职业生涯发生了转折。

翻新使用的简朴材料是典型的五金或零配件商店出售的那种，以一种近乎弗洛伊德的方式与建筑师的童年时代联系在一起。在祖母莉亚·卡普兰的客厅里，小盖里玩弄着祖父仓库里的五金零件。他模仿搭建着建筑物和城市，不管它们是用金属板、螺丝钉还是用塑料碎片做成的。盖里想成为一位能为祖母建造她想象中的城市的建筑师，也许他的职业生涯就是在意识到这一点之后才开始的。

弗兰克自此一飞冲天，尤其是在20世纪末，他作为建筑界的“怪才”，拥有不断跳出既定框架思考问题的创造性思维。随着盖里和其他建筑新星对传统建筑思想的不断打击，一个以建造越来越理性的建筑为特征的世纪逐渐分崩离析。

在创作了一系列与他的家一样充满挑衅意味的作品之后，1989年，弗兰克应邀前往位于日本奈良市的著名的东大寺，这是一座被列入联合国教科文组织世界遗产名录的佛教寺庙，且被认定为世界上最大的木制建筑。在那美妙无比的环境中，他获得了普利兹克奖，成为该奖项设立以来的第10位获奖者。在当时，该奖项几乎没有威望，但现在来看，普利兹克奖是所有建筑爱好者都认可的奖项。普利兹克奖并不代表一位建筑师的优劣，但当时已经有路易斯·巴拉甘、凯文·罗奇等建筑师获得过该奖项，而在弗兰克获奖的前一年，获奖者是奥斯卡·尼迈耶。对于一个10年前还在建造平淡无奇的购物中心的人来说，他把翻新自己的房子当作对自己濒临消失的创造爱好的一种思想救赎，这并不是什么笑话。

如果你做了非常奇特的事情，并因此获得了大奖，那么合乎逻辑的反应是，你会将其理解为一种积极的鼓励和坚定的邀请。盖里凭借几件非常大胆的作品，将普利兹克奖收入囊中，因此他已经正式成为一名“明星建筑师”。这个词在今天备受诟病，但它与20世纪末的建筑泡沫和令人眼花缭乱的巨额预算一起，象征着建筑史上最迷人的趋势之一。人们不是在为他们所熟知的建筑问题寻找局部的、连贯的解决方案，而是全世界都出现了一种由少数几家建筑公司包揽全部建筑作品的现象。这些公司就像摇滚明星一样：他们全速前进，创造自己的作品，并继续他们的“明星之旅”，就连地球上最有权势的人也希望与这批传奇的新星建筑师擦肩而过。

就盖里而言，他的世界巡展于20世纪90年代初来到西班牙的巴斯克地区，双方都非常高兴。当时的计划是巴斯克政府与著名的古根海姆基金会合作，在毕尔巴鄂开设一个艺术中心，巴斯克政府对该项目寄予厚望。为此，巴斯克政府发起了一场关于翻新阿尔洪迪加市政大楼的竞赛，该建筑由里卡多·巴斯蒂达设计，是一座有趣的20世纪早期代表建筑。

如今很少有人记得，古根海姆博物馆最初是为阿尔洪迪加市政大楼这座历史性建筑而设计的。多年后，菲利普·斯塔克将其改建为阿斯库纳中心。在那场昙花一现的竞赛中，还有20世纪末两家以激进著称的建筑公司参加：日本的矶崎新建筑事务所和维也纳的库柏·西梅布芬建筑事务所。盖里出现在候选名单中是合乎逻辑的，因为他被认为是翻新领域的创新建筑师，无论是他的传奇住宅改造项目还是之后的其他作品。令人啼笑皆非的是，这次竞赛最终决定，本次设计将不再翻新任何东西，这座未来的展览空间将是一个全新的作品。在这个作品中，这位美国建筑师将展现他所有的创造力。多年后，盖里在一次颇具争议的采访中表示，95%的建筑都是垃圾，因为它们没有贡献任何有意义的东西，这也充分说明了他在建造内维翁河畔的项目（毕尔巴鄂古根海姆博物馆）背后的意图。

弗兰克·盖里设计的毕尔巴鄂古根海姆博物馆的钛金属屋顶象征着那个全球化过度的建筑时代的顶峰，这座建筑第一眼看上去就非常有趣和令人惊讶。虽然这种材料比小弗兰克童年时玩过的五金废料昂贵得多，但设计的过程却遵循了这位建筑师的一贯方式。在绘制了一系列令人难以理解的草图后，盖里通过这些图纸“整理”了自己的第一印象。之后，他在团队的帮助下制作了一系列模型，并进行体积测定实验。任何看过设计草图和模型的人都会注意到，这与毕尔巴鄂以往的任何建筑都不同。虽然与丹麦人约恩·乌松的悉尼歌剧院等项目在概念和形式上有某些相似之处，但很明显，这一次弗兰克比以往任何时候都走得更远，这主要归功于新型计算机工具的出现，而乌松那时候缺少这一工具。无论如何，由于每个人都梦想着这样一个项目，整个团队在毕尔巴鄂都非常开心。

弗兰克·盖里在巴斯克取得了巨大的成功。10年后，在他事业的巅峰时期，一部名为《建筑大师盖里速写》(*Sketches of Frank Gehry*)的纪录片在2006年戛纳国际电影节上放映。在这部由他的朋友西德尼·波拉克执导的影片中，这位总是避免解释自己的作品和创作过程的著名建筑师，将剪刀、纸板和胶带作为自己设计的核心部分。与童年时代不同的是，陪伴他进行正式实验的不是他的祖母，而是一群可靠的合作者。在建筑师梅根·劳埃德的指导下，弗兰克弯曲的硬纸板变成了可行的建筑用材。梅根·劳埃德曾是盖里在耶鲁大学的学生，后来成为他最亲密的合作者。

在毕尔巴鄂古根海姆美术馆获得巨大成功之后，盖里成了“香饽饽”：世界各地的经理们都向他请求建造一座让他们的城市、基金会或公司在地图上“熠熠生辉”的建筑。从布拉格到巴拿马，这杂乱无章的建筑热潮被称为“毕尔巴鄂效应”或“古根海姆效应”。这可以概括为，每个城市都希望有一个“现代布鲁内莱斯基”，敢于承担一个有影响力的项目，并留下一个上镜的标志性建筑，吸引新近兴起的大众旅游。但我们不要自欺欺人：在这种效应的背后，隐藏着与万神殿、金字塔、佛罗伦萨大教堂的穹顶或埃菲尔铁塔一样古老的建筑史，那就是一座著名的、大胆的或令人惊奇的建筑会本能地向人们灌输的巨大认同感。再加上有权势的人希望将他们的记忆与令人难忘的建筑联系起来，从而促使记忆超越时间。

近年来，特别是在2007年至2008年的金融危机之后，毕尔巴鄂的古根海姆美术馆受到了许多批评。盖里本人也曾在各种采访中回应过对这座开创性建筑的指责，对此，他通常的回答是，他的建筑运作顺利，通常都在预算之内，尽管他并不经常透露每个项目成本的确切数字。

诚然，对标志性建筑的过度追捧带来了不少问题，尤其是在民主社会中，因为人们常常忘记，历史上最著名的建筑绝大多数都诞生于自由度和透明度较低的政治体制中。但同样真实的是，毕尔巴鄂的古根海姆博物馆的设计者和他的明星建筑师伙伴们只是这种现象演变出的最新形态，而这种现象在整个建筑史上是不断重复出现的，无论是在中国的长城还是在日本的东大寺（盖里本人就是在东大寺获得普利兹克奖的）。

今天，我们既不会考虑凡尔赛宫项目的成本问题，也不会考虑布鲁内莱斯基的穹顶对普通民众产生的影响。我们不会认为哥特式大教堂是相当低效的建筑，也不会讨论埃菲尔从他改建的铁塔中获得的惊人利润。也许正因为如此，一些不明真相的怀旧者才会认为这些建筑比现在的更好。

盖里曾经说过，95%的建筑都是垃圾，但事实是，我们主要以其余5%的例子来说明建筑学这门学科存在的意义。

这种观念是有问题的。

Chapter 5

我们用眼睛生活：绝美的拉斯维加斯和无边泳池

大多数普通人最喜欢的建筑风格是：精美主义。这个词不用查建筑学词典，因为是我随口说的，但我觉得这个词很好理解。

公众对建筑和建筑的历史了解并不多。不过，正如我们在本书开头提到的，接受一些培训，未尝不是一件好事，这将有助于更好地了解对人们生活影响最大的技术学科之一。

无论如何，对于绝大多数人来说，一座建筑属于某种风格还是另一种风格、它的实际建造质量，以及它在建筑学科历史发展中的作用，这些都是无关紧要的，但这些正是我们在建筑史研究、具体建造过程以及建筑评论中所关注的问题。简而言之，如果有人评论一座建筑，无论是现在的、过去的还是未来的，一般来说，通常是用我们头脑中最主观的过滤器来进行评论的，也就是品位。

如果一座建筑看起来很“漂亮”，不管这意味着什么，那么它已经为观看它的人完成了大部分的“符号化”过程。

房地产公司毫无顾忌地利用了这一特点。正如我们在很大程度上是用眼睛“吃饭”，这给食品行业带来了不小的可持续发展问题一样，我们也可以说是

“用眼睛生活”。在我们进行任何评估时，无论是买西瓜还是买房子，眼睛都是我们辨别的“前锋”。在这一点上，这正是我们认知中的一个缺陷，也为容易上当受骗“敞开了大门”：大多数人对建筑和施工没有太多的了解，所以相对而言，充满吸引力的外表很容易成为掩盖缺点的面具。因此，在世界上任何一个城市，我们都可以看到许多新近建成的住宅建筑，它们模仿的是在该地区建筑文化中与“美”联系在一起的装饰或样式。

这种以第一视觉印象为标准的倾向带来了一些问题。在对建筑进行评价时，如果公众的目光本能地认为建筑中的某些元素很美，那它就会被认为是“更好的”，这就会产生一系列与比例和对称密切相关的审美评价，我们将在后面讨论。

不过，我们在本章中讨论的是与“精美主义”相关的另一种现象，即在大众建筑鉴赏中经常出现的一种倾向，即认为“美丽”首先意味着“昂贵”。一栋建筑越是显得昂贵，就越能得到观众的青睐。

这意味着，最流行的建筑偏好主要包括与奢华相关的材料、形式或元素：闪亮的表面（如镀金），以及其他与奢华理念相关的、华而不实的装饰元素或装饰类型。当然，这在很大程度上受到时尚和各地历史传统的影响：卡塔赫纳的房子与东京的房子奢华理念不同。但是，无论在什么时候，无论主流的装饰风格是什么，我们都会发现这种被奢华建筑所吸引的现象是永恒不变的，并且使得人们热衷于模仿（这种现象）。当我们选择生活或工作空间的美学风格时，我们几乎会自动地在其中复制许多后天获得的关于美的观念。

例如，这就是为什么一些装饰品或家具在特定时期很流行。这些家具具有某种美学效果，即使其实用性还有待商榷。在许多可以论证以上观点的例子中，我想到的是为模仿过去奢华风格的古典客厅所特制的家具，即使以现在的观点来看它们非常不实用；还有能唤起人们对财富和声望的印象的办公桌，即使它们令人非常不舒服。

也正因如此，与其他艺术相比，当我们提及建筑史时，我们更多地是在讲述每个时代最有权势的人所建造的建筑，而很少去关注那个时期由普通民众建造的建筑。正如我们在本书中所看到的，我们更重视教堂和宫殿的历史，而不是大多数人居住的住宅。事实上，出于种种原因，用更多的资源和更好的材料建造的建筑保存得更好，其中，建筑的“精美主义”起着至关重要的作用。

作为一项没有绝对代表性的论证实验，我在搜索引擎输入了“美丽的建筑”。搜索引擎的算法展示了几张闪闪发光、色彩斑斓和金碧辉煌的图片。在第一批推荐的图片中，毕尔巴鄂的古根海姆美术馆、马德里大都会大厦的圆顶、高迪的几座房子，以及扎哈·哈迪德的不同建筑。它们都不是廉价的建筑，相反，它们都是高成本建筑，或是因为建筑技术，或是因为建筑材料。当然，考虑到我搜索时住在西班牙的情况，算法在进行选择时会受到IP地址的影响，以及其他计算机领域可能产生的偏差，搜索结果很可能不具有代表性。但事实证明，在世界任何地方进行这项实验，结果都是相似的。

我用英语进行了测试，结果与此类似，尽管与用西班牙语搜索相比，网页显示了更多的摩天大楼，但也提供了一些有趣的信息。在搜索引擎出现的高楼里，有好几次都是造型独特的滨海湾金沙酒店，这是以色列建筑师摩西·萨夫迪在新加坡建造的一座拥有超过2500个房间的高级综合度假村酒店，被认为拥有世界上最豪华的赌场。它外部奇特的轮廓，为客人提供了可以在位于200米高空的游泳池中尽情游泳的独特体验。这个巨大的泳池产生了一种英语中被称为“infinity pool”（无边泳池）的效应，在Instagram成千上万的帖子中，“无边泳池”已成为当今最火的奢华代名词之一。泳池的边缘被隐藏起来，让人联想到池水一直延伸到无边无际的空中。人们将这座建筑与无边泳池的模式联系起来，以至于在维基百科上关于这种技术的词条都配有滨海湾金沙酒店无边泳池的照片。

此外，这次搜索还为我提供了一篇知名杂志的文章，作为推荐阅读的第一个选项。这篇文章汇编了世界上最美的20座建筑。文章配有凡尔赛宫的照片（哦，真令人吃惊），对无数人来说，凡尔赛宫是建筑之美的典型代表，尽显奢华。文章列出的20座建筑中，超过一半以上都是宫殿，从北京故宫到格拉纳达的阿尔罕布拉宫，其余的大多是大教堂。我用英语搜索时，首先推荐的文章也将凡尔赛宫列为地球上最美建筑的第一或第二位。我有些担忧地注意到，许多官方排名都将滨海湾金沙酒店列入其精选的建筑美景名单。而且，一家法国杂志声称："根据科学研究，滨海湾金沙酒店是世界上第二美的建筑，仅次于伦敦的圣保罗大教堂。"我对此表示怀疑。

虽然正如我前面所说，这个简单的实验没有丝毫的代表性。但很显然，即使是谷歌公司也明白，在建筑领域，"美丽"就是"昂贵"和"独特"的代名词。无论是酒店、赌场等新建筑，还是历史古迹，谷歌没有向我展示过一张可被视为"中产阶级"的建筑图片，更不用说廉价或大众的建筑了。

品位当然是自由的、个人的和主观的。但是，像滨海湾金沙酒店这样的建筑，在屋顶无边泳池的衬托下，轮廓显得不太美观，似乎并不是建筑之美的最佳典范。我承认，安装这样高难度的泳池需要高超的技术，但我并不认为它像某些文章所说的那样是完美美学的典范。只是，它是一座昂贵的建筑，就像住在它的房间里需要支付的费用一样昂贵，因此，搜索引擎明白，如果我们要找一座美丽的建筑，就应该把我们引向这座巨型赌场。最糟糕的是，我们很难反驳这种想法，因为如果我们看看社交平台上最受欢迎和最有影响力的账户，就会发现人们对建筑的美学理念的想法也是如此。

我们遇到了一个问题。

1972年，著名建筑师丹尼斯·斯科特·布朗在很大程度上解决了这一难题，这成为建筑评估领域的一个里程碑。她出生于北罗得西亚（当时的英国殖民地），1972年麻省理工学院出版了她与两位合作者合写的著作。该书提出了一种可能性：建筑标准应该比当时的建筑学，尤其是学术界所确立的标准更加多元，更加开放。这本书的书名就很有煽动性：《向拉斯维加斯学习：被遗忘的建筑形式之象征意义》（*Aprendiendo de Las Vegas: el simbolismo olvidado de la forma arquitectónica*）。“拉斯维加斯可以成为建筑学习的典范”这一说法在今天仍能引起人们的怀疑，这与之前我们用谷歌搜索时所引发的怀疑十分相似，我们大可以想象一下这本书在20世纪70年代意味着什么。

斯科特·布朗被认为是20世纪下半叶盎格鲁-撒克逊地区最有影响力的建筑师之一，尤其是她参与了我们刚刚提到的那本书的撰写。书里讲述了1968年，她与耶鲁大学建筑学院的三位教授和几位学生一起参观赌城的经历。拉斯维加斯是一座独特而又巨大的城市，但经常被批判。这次建筑之旅的目的是对拉斯维加斯的建设方式进行调查，其结果捍卫了平凡之美，以至于这本书至今仍被认为是后现代主义的奠基之作。该书出版5年后，弗兰克·盖里开始对自己的住宅进行我们之前提到过的改造，这绝非巧合。

对数百万人来说，拉斯维加斯、上海和新加坡都是美的典范。这是有道理的，因为审美的主观性是一种普遍准则。我们在表达"没有任何关于品位的著作"这句话时，都会假装非常宽容。尽管建筑师佩德罗·托里霍斯的回答才是对这句话的正确回应，他总是说："关于品位的书已经写了几百本了，只是你一本都没读过而已。"

我们尊重他人的品位，是因为在社交中，这似乎是正确的做法，也是因为，我们期望他人接受我们的独特喜好。此外，在社会领域，个人品位的暴露是一种微妙的情况，因为这会导致我们因为个人喜好而被拒绝或排斥。

不过，在容忍他人的审美判断之余，让我们试着大声宣称，我们觉得拉斯维加斯比佛罗伦萨更美，或者我们觉得滨海湾金沙酒店比凡尔赛宫更美，看看接下来会发生什么。这可能会令人震惊，但确实没有令人信服的论据来反驳这种比较。

本书从一开始就反思了对过去奢华建筑有误解的怀旧情绪，这种情绪是一种相当不明智的态度，它导致了“精美主义”的胜利，并在我们对建筑质量的评估中诱发了一系列偏见。当然，带无边泳池的普通住宅被认为比优质住宅“更好”，这并不是一件好事，这种情况往往是由“精美主义”造成的。但是，把一座17世纪的宫殿自动提升为建筑的典范也没有任何意义，尤其是我们可能忽视了这座建筑有许多缺点和不足的事实，因为今天的建筑已经解决了当时根本没有考虑到的重要问题。

要是建议这些怀旧者在无边泳池中畅游一番，也许他会动摇自己对建筑中的美好事物的看法。因为他可能宁愿把身体泡在滨海湾金沙酒店里，也不愿在12世纪的欧洲大教堂里待上一下午，尤其是当他的脚已经麻木的时候。

并不是说建筑物越丑就越好，但我们会认同，单纯的审美看法并不是衡量任何建筑的最佳标准，在许多其他领域也是如此。

但这并不妨碍“美学”成为历史上建筑理论和建筑评论的主要支柱。最重要的是，对于那些内容丰富、识别度高的建筑，也就是这门学科的大多数教科书中所详细介绍的那些建筑，审美一直是数以百计的关于品位的书籍中所仔细考虑和讨论的问题，但我们却几乎没有读过这些书籍。

最有趣的是，正如我们将在下一章看到的那样，研究这种对建筑美感的追求所得出的结论几乎都是一致的。虽然奢华的材料和华丽的装饰是成功的保证，但在世界不同文化的建筑中，最能吸引人类的因素不是别的，正是像对称这样简单而基本的几何规则。

Chapter 6

金字塔并不好看

西班牙皇家语言学院将金字塔定义为“底面为任意多边形的实体，面的数量与边的数量相同，均为三角形，并在一个称为顶点的点上相交”。金字塔的这个含义提醒我们，凡是具有这种几何形状的纪念碑式建筑当然也被称为金字塔。

建筑的唤醒力是如此强大，以至于如果我们和任何人谈论起“金字塔”，很多人都会想到埃及古迹，而不是字典中定义的几何图形。这些古迹的轮廓，尤其是开罗郊外的吉萨金字塔群，让全世界都认识了兴盛于尼罗河畔的法老文化。即使我们从未去过埃及，这些神话般的建筑也可能是世界上最容易辨认的，甚至连从未去过非洲的、来自各大洲的小孩也能轻易辨认出来。

这些古迹的魅力是可以理解的，哪怕只是因为它们的规模，尤其是大金字塔，它仍然是人类有史以来最大的建筑之一。如果我们再加上其古老性的论证，就不难理解为什么这些建筑4000多年来一直具有如此大的吸引力。

但这里并不是争论埃及金字塔的重要性或知名度的地方，它们的重要性和名气是不可否认的。此外，我们不妨记住，其他类似的建筑，如中美洲的建筑，也可以纳入这个讨论范围。但是，我们目前讨论的问题是本章的首要问题，以及由此引申出的另一个问题。

金字塔美不美，这个因素对证明其历史吸引力是否重要？

我知道这些问题似乎有些荒谬，但这只是表面现象。因为在这些问题的背后，隐藏着建筑史上与建筑美学相关的最旷日持久的争论。应用于建筑的美学思想会随着环境、文化和时间的变化而变化。以至于早在古代，人们就认为建筑美学的一个基本方面在于它的实用性，我们在此不做探讨，但这正是当代建筑发展的背后推手——功能优先于形式。

现在，我们从纯粹的视觉角度来关注建筑的美学。我们已经谈论过“精美主义”，建筑中的相同特征并不总是被认为是美的，我们可以把房子的外墙涂成自己喜欢的颜色，但却有可能让邻居感到惊恐。当我们谈到弗兰克·盖里的房子时，我们知道他和妻子贝尔塔·阿奎莱拉喜欢这样的美学效果，而这种美学效果却让同样住在圣莫妮卡的邻居们感到愤怒。在上一章中，我们还提到了丹尼斯·斯科特·布朗，她对拉斯维加斯的辩护以及对建筑理论的影响。

我们将建筑物与某些观念联系在一起，并根据这些观念对其进行审美评价。在我们心目中，吉萨金字塔群并不是简单的几何形状的石头堆，它们是与更丰富的概念相关联的象征物品：埃及的概念，包括其丰富的文化、历史内涵；古代的概念，包括对历经漫长岁月而幸存下来的物品的崇敬；还有异国情调和神秘的概念，这使得埃及文化广受欢迎。

因此，在我们的心目中，这些建筑不仅仅是巨大的石头金字塔，我们还为它们赋予了价值，从而产生了文化遗产的概念。如果金字塔的美仅仅取决于其外观，那么我们在欣赏任何一座金字塔的纯粹几何造型时，都必然会体验到类似的审美愉悦，但现在的情况似乎并非如此。

我们在凡尔赛宫也发现了同样的现象。在那里，我们不只是简单地看到一座巨大而昂贵的建筑，还用其他的概念来包装它，有时是错误的概念，正如我们曾经看到的那样。埃菲尔铁塔也是如此，我们用优雅、现代和富有魅力的概念来充实它，它就不再是一堆铁，而且改变了我们对现实的看法。这样的例子不胜枚举，从婆罗浮屠这样的印尼佛塔到危地马拉蒂卡尔的玛雅神庙，大多数世界上最具特色的古迹都是如此。

历史建筑在语义上的逐渐丰富也促成了一个奇怪但却非常精妙的现象。不朽的建筑就像苦艾酒一样：如果某种东西存在的时间足够长，总有一天它会再次成为时尚。今天，我们珍视那些在过去的时代非常普通、并不出众甚至已经过时的建筑，为了不冒犯任何人，我就不举例说明了。我们今天崇敬的一些建筑，在它们的时代是普普通通的，但它们幸存了下来，并因其文物的身份而获得了新的积极意义。这有点像石井的情况，在过去，石井是最普通、最日常的东西，但现在我们看到一口石井，就会觉得非常有诗意。因为在我们这个时代，石井是稀缺的，因此，它可以起到唤起人们记忆的作用。

让我们回到伟大的纪念碑性建筑上来。除了这些建筑所代表的文化多样性之外，它们大多有一个共同点。从埃及的金字塔到蒂卡尔的金字塔，从紫禁城到凡尔赛宫，我们发现几乎所有文化中的知名建筑都有一个共同点：对称。

泰姬陵是对称的，吉萨大金字塔和帕拉第奥的圆厅别墅也是对称的。如果我们静下心来回顾一下建筑史上最著名的古迹，就不难发现对称是绝大多数古迹的永恒主题。

从饮食习惯到性文化，我们人类对对称形式的喜好几乎到了痴迷的地步，这种喜好适用于生活的许多方面。但是，在西方以及世界各地的文化中，很少有哪个领域的比例理论能像在建筑领域那样得到如此充分的发展。

在西方，对称是古典世界建筑理论的精髓，但是这并不意味着希腊和罗马时代的所有重要建筑都严格执行这一规则。著名的雅典伊瑞克提翁神庙和罗马皇宫就足以证明这一点，这两个建筑物都是各部分的总和，而非严格对称的应用。但是，我们已经得到了希腊神庙建造中非常精确地使用数学比例的证据，我们还找到了关于罗马建筑师维特鲁威在建筑中如何使用数学规则的文字记载。

维特鲁威的书籍正是建筑比例成为西方建筑界永恒话题的主要原因，尤其是在意大利文艺复兴时期，维特鲁威的著作被重新发现并广为流传。对于阿尔贝蒂、拉斐尔、米开朗基罗和维尼奥拉等人来说，重新发现艺术和建筑的古典语义令他们着迷，维特鲁威的著作就像是罗马建筑的圣物。因此，尽管维特鲁威的记叙并不完全清晰，内容解释也一直不确定，但从文艺复兴时期开始，人们发现了其中许多基于数学规则的改编，比如我们刚刚提到的帕拉第奥别墅。

但是，对称的真正有趣之处在于，它不仅被应用于那些直接或间接受欧洲古典文化影响的建筑中，而且在遥远的、没有直接联系的文化中也能发现对这种几何规则的喜好。这引发了各种阴谋论，而事实则要简单得多：不仅我们的本能认为对称的建筑更受欢迎，而且在更传统的建筑方法中，如圆锥帐篷、木屋、蒙古包等建筑中，与杂乱无章的排列相比，材料的对称排列也有助于简化建筑过程。

在西方，约翰·萨默森所谓的“建筑的拉丁语”，几个世纪以来一直是建筑设计中现存的最强有力的元素。然而，在其他地区，从廷巴克图到蒲甘，都有一种应用类似的比例形式的风潮，也就是普遍倾向于各个独立建筑体的对称分布的趋势。

属于不同文化和地域的建筑在几何形态上呈现出的这种“亲缘关系”，让我们自然而然地推断出“古典”这一形容词的使用范围（在某种程度上是欧洲中心主义的结论），并将其应用于其他非西方传统建筑上。但是，我们不能因为这个小小的术语滥用而忽略了一个事实，即世界性建筑首先是对对称形式的赞美。也许最让贝尔塔·阿奎莱拉和弗兰克·盖里的邻居感到震惊的是，这两位的住宅项目丝毫没有考虑到对称性。

然而，几个世纪以来，虽然建筑学一直致力于培养美学比例，但令人吃惊的是，不对称的美学比例在其他领域却大行其道，我们将在下一章中看到这一点。

Chapter 7

为什么没有伟大的女建筑师？[1]

1　这个标题是对琳达·诺克林和她的文章《为什么没有伟大的女艺术家》的致敬，这篇文章在1971年发表时改变了一切。——作者注

1991年5月16日，在墨西哥城马德罗大街17号，发生了近代建筑史上最不光彩的一幕。包括时任总统在内的众多权威人士聚集在墨西哥历史中心的这块土地上，气势恢宏的伊图尔维德宫就坐落在这里，这是一座18世纪的西班牙殖民建筑。这次典礼是要把普利兹克奖授予美国建筑学家罗伯特·文丘里，他是著名的建筑评论家和理论家，于1966年出版了近百年来该学科最具影响力的著作之一《建筑的复杂性与矛盾性》(*Complejidad y contradicción en la arquitectura*)。这本著作对现代主义运动提出了强烈质疑，撼动了20世纪的主流，并以弗兰克·盖里等人的建筑为例，开启了决裂的大门，这一点我们已经在前文讨论过。

这场位于伊图尔维德宫的颁奖典礼原本是一个庆典，但今天很多人认为这是一个耻辱。因为在墨西哥城参加那天颁奖典礼的人中，缺少了一个至关重要的人物：建筑师丹尼斯·斯科特·布朗。我们在几个章节前已经讨论过她，她是20世纪最优秀的建筑书籍之一的合著者，我们也谈到过这本书。除此之外，她还是获奖者罗伯特·文丘里的妻子。

在丈夫获得世界建筑界最著名奖项的当天，获奖者的妻子却缺席了，原因只有一个，但却令人信服：普利兹克奖评委会“忘记了”斯科特·布朗与她丈夫共事了四分之一个世纪，并选择将她排除在这个至少有一半属于她的奖项之外。

如果文丘里能表现得像皮埃尔·居里一样，并像这位1903年的法国物理学家那样行事，紧张的气氛就会消失。当诺贝尔奖委员会将玛丽·居里排除在奖项之外时，她的丈夫威胁说，如果奖项不包括他的妻子，他将拒绝出席颁奖仪式。如果皮埃尔没有这样做，玛丽肯定不会成为第一位获得诺贝尔奖的女科学家。

差不多90年后，罗伯特·文丘里去了墨西哥，虽然他在演讲中提到了妻子也是共同作者，但他毫不讳言，他没有去阻止妻子被排除在当天获得的认可之外。在男女职业平等这样的关键问题上，这种态度无疑是建筑学科落后于历史进程的明显标志。斯科特·布朗在此次事件的两年前曾撰写了一篇题为《顶层空间？建筑中的性别歧视和星级制度》（*Room at the Top? Sexism and the Star System in Architecture*）的文章，可谓颇具先见之明。

当我们从当代视角审视建筑史时，就会发现一个巨大且难以解决的问题：几个世纪以来，作为建筑的设计者，女性一直被公开排斥、低估和忽视，至少在将建筑实践作为一门艺术、一门学科或一项专业活动时是这样的。

最糟糕的并不是情况一直如此，即使这本身就足以令人遗憾，并让人感到难以忍受的羞愧。真正严重的是，与其他科学、艺术或技术领域不同的是，这些领域至少在最近几年中，已经做出了一些努力（也许是真诚的，也许是表面的）来改变这种状况，而建筑学却仍然是一个由男性主导的领域，尽管我们现在已经进入了21世纪，而且每年都有成千上万与男性一样合格的女建筑师从世界各地的学校毕业。

斯科特·布朗和文丘里的案例证明了这种状况是多么严重。在这位杰出的女建筑师被遗忘12年之后，她的丈夫签署了一份民众请愿书，要求给她补发1991年的普利兹克奖，这份请愿书是由哈佛大学学生会推动的。但是，面对这样一个合乎情理的要求，即承认一位极负盛名的女性建筑师在她至少有一半功劳的作品上的署名权，但评奖委员会却若无其事地驳回了这一请求。

这个故事甚至没有得到它应有的关注，但它是众多证据之一，证明建筑学仍然是有史以来性别歧视最严重、最厌恶女性的创造性和技术性学科之一。如果我们将建筑学与其他艺术学科进行比较，就会发现在男女平等方面，建筑学与某些音乐流派（如古典音乐）一样，都是垫底的。在这些领域，女性创作者被边缘化的现象不仅持续存在着，甚至还被行业“引以为豪”地展示了出来。

绝大多数大型建筑设计公司的负责人都是男性，而且一直如此。尽管他们的员工，也就是实际建造建筑物的人，往往包括不同专业的女建筑师、女工程师和女设计师。在这些大公司中，由女性建筑师执业的情况很常见，但门口招牌上的大字总是一位男士的名字，或最多只有公司相关人员的姓氏，没有性别之分。

自20世纪中叶以来，世界各地的事务所的女性从业人员数量急剧增加。在建筑界有许多大公司，在著名的姓氏背后，至少都有一位女性建筑师在掌舵，如前面提到的弗兰克·盖里团队中的女建筑师梅根·劳埃德。但是，就像其他技术领域或学科一样，当我们向更高的阶梯迈进时，女性的名字就被毫不留情地抹去了。

当然，几乎所有的建筑师都是绅士，即使他们允许扎哈·哈迪德加入设计世界上最昂贵、最冒险的“奥林匹斯山”，更多的也只是为了面子。事实上，这位出生于巴格达的建筑师已于2016年去世，她是普利兹克奖设立四分之一个世纪以来第一位获奖的女性。在这些年里，历届评委会不仅没有想到一位建造建筑的女性值得获奖，而且正如我们所看到的，他们故意对斯科特·布朗视而不见，尽管众所周知，她是其丈夫获奖作品的共同作者。哈迪德于2004年获奖，此后，截至本文撰写之时，只有另一家女性建筑事务所获得过该奖项：格拉夫顿建筑师事务所（由爱尔兰建筑师伊冯娜·法雷尔和谢莉·麦克纳马拉组建），该事务所于2020年获得此奖。

其他三位获得普利兹克奖的女性都是以工作室合伙人的身份获奖的：日本的妹岛和世于2010年以SANAA工作室成员的身份赢得了普利兹克奖，并在同年成为30年来首位执导威尼斯建筑双年展的女建筑师；西班牙加泰罗尼亚的卡莫·皮格姆于2017年以赫罗纳RCR建筑事务所合伙人的身份赢得了普利兹克奖；法国的安妮·拉卡顿与她在拉卡顿和瓦萨尔建筑事务的固定合伙人于2021年共同获得了普利兹克奖。

这个奖项已经有半个世纪的历史了，它一直以“建筑界的诺贝尔奖”的名义公布，总共有45位男性获奖，6位女性获奖，而哈迪德是唯一一位单独获奖的女性。当然，如果说这个奖项与诺贝尔奖有什么相似之处的话，那就是大男子主义的偏见主导了它的大部分决定。从这个意义上说，这个奖项对于建筑界的格局是毁灭性的。

当然，普利兹克奖并不能完全代表整个建筑界。但如果我们看一看该学科的其他重要奖项，就会发现，情况大同小异，甚至更糟。尽管如我们所说，建筑活动从根本上说是一种集体活动，因此对某一个人物的致敬就更没有意义了。近年来，建筑奖项更多的是颁发给集体工作室，而不是杰出的个人，就像20世纪末的“好时光”一样。因此，似乎时不时地有女性作为获奖事务所的合伙人来分享奖项。

说到这里，有些人可能会认为我在夸大其词。但实际上，我们只触及了问题的表面。

根据美国大学建筑学院协会（简称ACSA）在2015年收集的数据，以及乌苏拉·施维塔拉在2021年发布的数据可知，在北美学习建筑专业的学生中，女性占44%。这一比例表明，在大学中，该学科已不再是男性的专属领域，但随着从业者数量的增加，问题也随之而来：在当年，正在从事建筑设计的人员中，女性仅占25%，其中只有17%的女性拥有自己的事务所。女性获奖或担任高级学术职务的人数也说明了问题。

请注意，这些统计数据来自美国和加拿大，这两个国家多年来一直在努力让女性更多地参与技术和知识领域的工作。如果我们有世界上所有国家的数据，我们看到的肯定是一幅令人沮丧的画面。

“叛逆建筑师”项目收集并更新了从世界各地活跃的女建筑师那里获得的数据，这使公众更加关注这个严重的问题。截至本书西班牙语版出版的这一年，即2023年年初，该项目网站上记录的领导建筑事务所的女建筑师人数只有区区1200人，其中一半以上在欧洲工作。这个数字不仅仅是指自己独立执业的女性，因为这种统计的结果将会是灾难性的，所以这个数字还收录了团队，无论是女性团队还是混合团队，只要有一名女性建筑师作为合伙人就作数。美国、意大利、英国、西班牙和法国是女性担任建筑事务所负责人比例最高的国家。在整个三大洲（亚、非、欧）中，女建筑师的总人数都少于在巴黎市内拥有独立事务所的女建筑师人数。

尽管我刚才提到的项目可能并不包括世界上所有活跃的女建筑师，可能还有更多的专业人士尚未被囊括在内。但到目前为止，人们还没有注意到这些问题，至少这些迹象和数据说明了问题的严重性，尤其是在建筑前沿很少有女性的问题。

我绘制了一幅表格，来展示建筑学中深刻的性别歧视起源，这是一种近乎考古学的论证方法。我把这个表格称为“耻辱之表”（表1），女建筑师卡门·埃斯佩格尔（Carmen Espegel）发表的作品对这张图表的绘制起到了至关重要的作用。

左侧一栏列出了不同专业的女建筑师和女设计师的名字，她们在过去的一个半世纪中，在建筑设计的不同领域都是杰出的创新者。几乎所有的这些女建筑师和女设计师的想法在今天都被应用到了你的家中或工作场所中，但大多数设计者的名字你可能并不熟悉，因为她们几乎不为公众所熟知，即使是在喜欢建筑的人当中也是如此。

女性建筑师/设计师	男性建筑师/设计师
玛格丽特·麦克唐纳 （1864—1933）	查尔斯·麦金托什 （1868—1928）
玛里恩·马霍尼 （1871—1961）	弗兰克·劳埃德·赖特 （1867—1959） 沃尔特·伯利·格里芬 （1876—1937）
艾琳·格雷 （1878—1976）	勒·柯布西耶 （1887—1965） 让·巴多维奇 （1893—1956）
莉莉·莱希 （1885—1947）	密斯·凡德罗 （1886—1969）
特鲁斯·施罗德 （1889—1985）	格里特·里特维尔德 （1888—1964）
艾诺·马西奥 （1894—1949）	阿尔瓦尔·阿尔托 （1898—1976）
克拉拉·波塞特 （1895—1981）	路易斯·巴拉甘 （1902—1988）
夏洛特·佩里安德 （1903—1999）	勒·柯布西耶 （1887—1965）
安妮·汀 （1920—2011）	路易斯·卡恩 （1901—1974）

表1 “耻辱之表”

右边一栏是著名男性建筑师的名字，他们在职业生涯中曾受益于这些女性建筑师，但女建筑师们的功绩往往没有得到任何承认或认可。任何自称“建筑爱好者”的人都可能认识这里列出的每一位男性建筑师，尽管他们可能并不知道这些男性建筑师的作品在很大程度上要归功于左侧一栏中列出的女性。

我说的还不够全面，因为在一个女性几乎总是通过男性进入职场的时代，夫妻共同从事建筑设计，或女学生在导师的“影响”下工作的例子不胜枚举。在这种情况下，通常是男性独揽所有功劳，而女性尽管对团队设计、建造的作品也有所贡献，但众人对此却只字不提。

因此，就像以下例子一样：埃尔斯·奥普勒·莱格班德和彼得·贝伦斯、玛格丽特·舒特·利霍茨基和恩斯特·梅、卡罗拉·布洛赫和奥古斯特·佩雷等案例，在建筑和设计史上，这些女性建筑师或设计师的名字被掩盖在男性同行的名字之后，而男性同行总是享有更高的知名度。

我没有把那些富有创造力的建筑师夫妇列入表格，因为在这些夫妇中，男女双方的作品在某种程度上得到的认可度略微平均一些，比如雷和查尔斯·伊姆斯夫妇以及艾莉森和彼得·史密森夫妇。但我们要知道，丹尼斯·斯科特·布朗和罗伯特·文丘里的案例在传统上也被认为是男女建筑师团队获得同等认可的典范，当然，直到普利兹克奖评委会忘记了她的存在。

前文中的表格是现代建筑学的耻辱。尤其是其中列出的20世纪建筑学的四位男性传奇人物，即弗兰克·劳埃德·赖特、勒·柯布西耶、密斯·凡德罗和阿尔瓦尔·阿尔托，他们无一例外地都利用了身边女性的才能，而这些女性对他们的建筑的最终面貌起到了决定性的作用，而如今人们对这些建筑的赞美就好像这些男性才是唯一的建筑师一样。

玛丽恩·马霍尼（Marion Mahony）是第二位从麻省理工学院建筑系毕业的女性。1898年，她成为第一位在伊利诺伊州获得建筑执业资格的女性。她是一位杰出的女权主义者，曾为弗兰克·劳埃德·赖特工作，而赖特与她不同，从未学习过建筑学。十多年来，马霍尼对赖特工作室的项目产生了重要的影响。以赖特的名字命名的基金会公开承认，由马霍尼受日本文化启发而创作出的独特和珍贵的绘图风格是赖特建筑设计和成功的关键。然而，矛盾的是，这种风格被认为是赖特的标志。如果你见过赖特早期伟大工程的图纸，那你现在就能明白它们实际上就是马霍尼的作品。离开赖特工作室后，马霍尼赢得了澳大利亚首都建设比赛，但堪培拉项目再次让她“隐身”了。这一次，荣耀归属于她的合伙人兼丈夫沃尔特·伯利·格里芬，这对夫妇去世后，马霍尼才因参与这项工作而获得认可。

近年来，莉莉·莱希与密斯·凡德罗之间的职业合作和个人关系一直是人们争论的话题。莉莉·莱希是包豪斯学院为数不多的女教师之一，她的工作重点是设计家具，她与上文名单中的大多数女性有着共同的特点——都在那个时代遭受着性别歧视。在她接受培训期间，一位评论家对她表现出厌恶，称她为“在建筑上无能的女人”。尽管在她的领域大男子主义盛行，但她的才华却脱颖而出，密斯·凡德罗将她招到麾下，莱希最终成为他最亲密的合作者。巧合的是，密斯最成功的时期恰好是他们一起工作的时期。在这一创作时期，出现了一些20世纪最具代表性的家具和建筑方案，使德国成为现代主义运动的重要参照之一。现在人们怀疑，其中许多想法都是在集体创作的基础上产生的，尽管这一假设尚未得到完全证实——这是非常困难的。不过，有充分证据表明，至今仍很著名的“密斯·凡德罗椅”实际上就是莱希的创意。

在这四段关系中，也许芬兰建筑师阿尔瓦尔·阿尔托和他的妻子艾诺·马西奥（如今人们更熟悉的是她的夫姓）之间的关系，在分担责任和荣誉方面是最健康的。马西奥是芬兰最早的女建筑师之一，尽管她的人生轨迹让人想起本章中的其他女性“受害者”。她以学徒身份加入阿尔托的工作室，几个月后他们举办了婚礼。从那时起直到她去世，她一直是令人钦佩的阿尔托最亲密的合作者。她被公认为北欧设计的先驱，因为她作为阿尔泰克家具公司的共同创始人和首任创意总监，已广为人知。然而，关于阿尔托工作室所设计建筑的作者归属问题，也存在着合理的、日益激烈的争论，而艾诺在这些建筑设计中所扮演的角色，直到现在也很难说清。

但是，在这四位20世纪传奇男性建筑师中，因其在抹杀最具创造力的女建筑师方面的“积极”作用而位居榜首的无疑是勒·柯布西耶。多年来，伟大的夏洛特·佩里安德为勒·柯布西耶的项目倾注了大量才华，她的巧手为这位瑞士建筑师呆板的室内设计注入了活力。作为许多对20世纪设计产生重大影响的家具及室内装饰的作者，佩里安德数十年来一直目睹着人们是如何将这些作品的功劳都归于工作室的男主人。

似乎这还不够，越来越过分的是，勒·柯布西耶还盗用了杰出的女建筑师艾琳·格雷的想法和方案。这个瑞士人甚至亵渎了这位爱尔兰女士的E-1027号住宅——勒·柯布西耶在格雷原本打算保留白色且不作任何装饰的墙壁上画上了由他绘制的壁画。在勒·柯布西耶阐明其建筑原则的年代，这栋建筑是格雷以自身活跃的思维设计的，并且勒·柯布西耶的原则在这栋房子中也得到了体现。近年来，这一矛盾引发了一场激烈的争论，这些对于现代主义建筑运动至关重要的思想，其中会涉及“谁是谁的传承”的问题，这就是争论的焦点。几十年来，这座房子的作者一直被认为是罗马尼亚建筑师让·巴多维奇，他是格雷的情人，格雷与他共同居住在这座房子里。而巴多维奇在他的职业生涯中一直声称他才是这座房子的设计者，而这份荣誉本应属于格雷。

事实上，如果说有一位女性象征着女性建筑师不为人知的遭遇，那肯定是艾琳·格雷。她的生活超出了当时的正统观念，而且在那个时代，女性参与某些创作领域通常得不到应有的认可，这使她成为20世纪建筑史上最容易被忽视的人物之一，无论是她的建筑作品，还是她作为家具设计师的无与伦比的才华。在这方面，我们可以引用女建筑师卡门·埃斯佩格尔的话："格雷的许多镀铬钢家具设计都早于夏洛特·佩里安德、勒·柯布西耶（于1928年首次展出镀铬家具），以及密斯·凡德罗和马塞尔·布劳耶的设计。事实上，勒·柯布西耶在其室内住宅项目中采用的一些方案与格雷在E-1027住宅中使用的方案几乎相同。"

如果有人认为这种对女建筑师的漠视是一种遥远的罪恶，属于过去，那么还是尽早改变想法吧。很少有人知道苏·罗杰斯和温迪·福斯特是建筑师，只知道她们在职业生涯之初是各自丈夫的合伙人。事实上，苏·罗杰斯是巴黎蓬皮杜中心建筑的共同设计者，这是一项前所未有的革命性工作。她的丈夫理查德与意大利建筑师伦佐·皮亚诺一道，因为设计了蓬皮杜中心而出现在所有关于该建筑的书中，但奇怪的是，他们竟然忘记了苏·罗杰斯的名字。当然，这两位女建筑师至今仍被世人以她们的明星建筑师丈夫的姓氏称呼，即使在苏·布罗姆韦尔于20世纪70年代初与丈夫离婚后仍是如此——当时他们共同参与了蓬皮杜项目不久。

2014年，英国广播公司在其充满沙文主义的建筑系列剧《建造现代世界的英国人》（*The Brits Who Built the Modern World*）的第3集中，向20世纪末英国的五位明星建筑师致敬：迈克尔·霍普金斯、诺曼·福斯特、理查德·罗杰斯、尼古拉斯·格里姆肖和特里·法雷尔。这一集播出了这5位成熟建筑师的合影，堪称“英国建筑梦之队”。为了让照片看起来更美观，英国广播公司用剪切的方式，把迈克尔·霍普金斯的妻子帕特里夏·安·温莱特裁掉了，在原照片中，她在福斯特和罗杰斯之间。

1994年，温莱特与她的丈夫和合作伙伴一起获得了英国皇家建筑师协会金奖，但这个奖项以及她在自己的辉煌职业生涯中获得的其他所有荣誉，都不足以让她在英国公共电视台纪录片中受到尊重，竟然在照片中被裁掉了。这件事发生在2014年，而且对象是一位获奖女性建筑师，而不是一位所谓19世纪的女性建筑师先驱（这本身就够糟糕的了）。

在建筑史上，女性在象征意义上、职业上和身体上均被抹杀，这是性别歧视长期存在的一个明显例证。在过去的几个世纪中，男性建筑师的形象几乎得到了英雄式的不断衍生。这不仅导致了行业中公平竞争的大门对建筑师关闭，而且正如我们将要谈到的，它还掩盖了建筑作为一种创造的最大特点之一：集体性。

勒·柯布西耶（哦，不，又是你！）不仅掩盖了两位女建筑师艾琳·格雷和夏洛特·佩里安德的光芒，其实这已经足够讨厌了，但在他被神化为天才建筑师的过程中，他与表弟皮埃尔·让内雷的紧密合作也被忽视了，而皮埃尔·让内雷在这位伟大的瑞士建筑师的建筑设计中也发挥了重要作用。追求职业的英雄主义和男性气概，这也许是20世纪的社会给这门迷人的学科留下的最大伤害。

Chapter 8

建筑师和四分卫之间的相似性

建筑是一门特别的集体艺术，这是它的本质。

建筑师在他或她的绘图板上绘制，或使用计算机程序做出决定，然后要经过许多阶段，最终完成。在这些阶段里，不同的头脑和双手一起努力，其中许多是没有受过专门建筑培训的人，而这些人将对建筑项目的最终结果产生重大影响。

从一开始，建筑设计不仅要满足设计者的愿望，还要至少在理论上满足开发商的需要。以凡尔赛宫为例，很明显，凡尔赛宫不同建造阶段有不同的建筑师，其中较为突出的建筑师包括：尼古拉斯·华特、路易斯·勒沃、朱尔·阿杜安·芒萨尔和安德烈·勒诺特尔等，但他们并不能按照自己的偏好去设计，而是4位“路易”按照自己的喜好改造了这座简陋的狩猎小屋，直到它成为专制主义时代的宫殿的典范。这座建筑的历次改造工程，国王的意见都是至关重要的。

这提醒我们，历史上的每一位建筑大师的设计都取决于其赞助人是否可以完全满意。以伟大的吉安·洛伦佐·贝尼尼及其在巴黎的灾难性失败为例：他想要成为艺术和建筑界的明星，但路易十四不喜欢他的风格，这可能是受法国建筑师意见的影响，法国建筑师不太乐意一个意大利人出现在他们的国家，还与他们竞争。太阳王拒绝了贝尼尼关于巴黎卢浮宫的提案，这也断送了这位意大利大师的国际生涯。

我们不要忘记，今天被视为艺术和建筑界伟大天才之一的贝尼尼，在建筑施工的技术方面并不十分娴熟——他在建筑专业上其实是个失败者。为了在罗马获得成功，他屈从于教皇的意愿，几乎酿成了大灾难，差点摧毁了梵蒂冈圣彼得大教堂。而这一切都是因为他听从了教皇心血来潮的要求，规划了一座巨大的西侧塔楼，而主体建筑的正面结构并没有为此做好准备。建筑史常常被这样概括：建筑师屈从于建筑主人的意愿。

除了与开发商之间的这种关系外，建筑工艺的很多方面都涉及预算和采购。因此，不同的供应商对作品的最终形式、外观，尤其是细节方面起着关键作用。

让我们回到著名的法国宫殿案例中来：不同阶段所使用的材料对最终的宫殿面貌有着重要的影响。其中一些材料一眼就可以辨认出来，从而可以确定各个施工阶段的日期。如此复杂的建筑，说白了也是石工、木工、灰泥工、镀金工、玻璃工和大理石工匠以及艺术家和园艺师的杰作。参与凡尔赛宫工程的工匠种类繁多，是一支名副其实的工匠大军，他们最终要负责对模子、窗户或灯具的安装进行最后的修饰。而且，这些工匠的工作几乎总是在当值建筑师的直接控制范围之外。

很难找到另一个有如此多的人参与其中的创作领域，而且这些人真正有能力改变成果的最终面貌，并且最终面貌可能与“创作者”的初衷偏差如此之大。

也许与这种共同创作最相似的事业是音像领域。在电影和电视领域，同一部电影或同一部电视剧有无数双手和无数个头脑参与其中。无论是演员还是编剧、美术、音效或摄影部门，甚至音乐部门，都对最后的创作成果有重要影响。但在整个过程的最后，导演通常对最终的剪辑拥有很大的控制权。因此，尽管许多电视剧和电影的结局与导演之前的构想大相径庭，但无数著名的例子都证明了这一点，与许多复杂的建筑项目的发展相比，这些修改都是微不足道的。

我们知道，在能接触到著名建筑的最初草图或原始图纸的少数情况下，我们通常会观察到最终完成的建筑和之前的设计相比，有很大的变化。我们已经讨论过一个例子，即科奇林和努吉耶提出的300米高塔与最终建成的埃菲尔铁塔之间的差异，后者经过了建筑师索韦斯特的装饰和美化。

除了不同的集体创作，以及通常的概念修改之外，重要的是要考虑到一个事实，我们需要面临许多在施工过程中出现的突发情况，而这些情况是事先没有预料到的。欧洲的任何一座大教堂都是很好的例子，这些大教堂在建设过程中，往往不断对原计划进行修改，甚至对整个建筑进行全面的重新设计。

没有任何其他艺术对功能性有如此高的要求，我们评判一幅画、一部小说或一首歌，都不会像评判一栋建筑那样以是否实现了我们的目标为标准。我们已经看到，布鲁内莱斯基在佛罗伦萨建造穹顶之前并没有太多的经验，而且为了应对未来的问题，他为这项工程组建了一个类似于学院的工作室，由几个人对建造的过程发表意见，这种形式与当今世界上大多数建筑工作室所采用的并无太大区别。

专家们认为美式橄榄球是团队运动的最佳体现，因为球队的每个位置都是高度专业化的，因此在追求卓越的过程中，球队可以将不同的技能累积在一起。然而，如果我们仔细观察，就会发现在任何有关比赛的头条新闻中，主角都是一个人：四分卫。四分卫负责指挥球队的进攻，他的名气让他的队友全都黯然失色。在美国文化中，围绕着这些运动员的神话不断涌现，他们早在中学时期就成了聚光灯下的英雄，并将所有的成功都个人化。

有趣的是，这与建筑学的弊病如出一辙。

无论四分卫的球技多么出众，他都无法独自赢得比赛，就像建筑师不是建筑的最高创造者一样。在过去的纪念碑式建筑背后，几乎总是有一项集体工作，而且往往是几代人共同完成的。就像在今天负责建造一栋建筑的办公室或工作室中，不同的专业人员和专家之间存在着多学科的互动。的确，四分卫是球队中压力最大的球员，因为他在比赛的每个阶段都承担着比其他人更大的责任。当然，领导团队的建筑师也是如此，他们决定着成功与失败，在整个项目中具有更广阔的视野。

但是，如果我们摒弃建筑师是建筑的总设计师这一英雄主义的观念（在20世纪这种观念是作为获得社会声望的工具而发展起来的），那么我们不仅可以解决这门学科其历史中遗留下来的许多问题，例如上一章中提到的女性被忽视的问题；我们还可以将建筑理解为一个复杂的“集体项目”，为此需要协调几十人、几百人甚至几千人，而且每个人都要为项目贡献自己的聪明才智。

因此，当我们参观凡尔赛宫时，我们也许不会想到那不合时宜的奢华和关于舒适的幻想，即使这些幻想既有趣又具有欺骗性。我们应该看到它的真实面目：在一个多世纪的时间里，凡尔赛宫是很多人齐心协力的一项集体行动，它给我们留下了一座充满细微信息的建筑。与此同时，凡尔赛宫既是其历史时代的象征和代表，也是一位君主为争夺欧洲霸权而推行专制主义政策的工具。

这就是我对建筑的看法，我认为它很有价值。

第二部分

Chapter 9

在埃拉·菲茨杰拉德和比莉·荷莉戴之间：建筑类型学简介

在中亚，天山的山麓，展现出一望无际的大草原，比什凯克市就坐落在这里。

这座城市是吉尔吉斯共和国的首都，我们通常称其为吉尔吉斯斯坦，手球迷们都知道这里是手球史上最伟大的运动员塔兰特·杜杰谢巴耶夫的出生地，而登山迷们则知道这里是世界上最雄伟、最危险的山峰——神秘的汗腾格里峰的探险起点。这不是一本介绍少数民族体育运动的书，因此我们重点关注的是吉尔吉斯斯坦首都的建筑。比什凯克市是名副其实的“苏联建筑的盛宴”，适合拍摄克里斯托弗·诺兰的电影。

除了那些设计于20世纪70年代和80年代、外形酷似粗野主义[1]的博物馆外，还有一座独特的建筑，这座建筑的外观非常适合作为詹姆斯·邦德（007）系列电影中反派的巢穴。在这种情况下，这座建筑的功能比它的外观更加奇特：它是一座婚礼宫殿。

这个位于丝绸之路上的国家虽然穆斯林人口占多数，但在加入苏联的几十年里，与其他成员国一样，

1　粗野主义又称蛮横主义或粗犷主义，是一种起源于20世纪50年代英国的建筑风格，主要见于战后重建项目，特别因在战后的共产主义国家中广泛使用而闻名，可归入现代主义建筑流派当中。

提倡无神论。这意味着在其他国家属于宗教领域的社会仪式，如婚姻，在这里，必须按照世俗规定进行。这一前提条件催生了苏联建筑中一个有趣的现象：一系列装饰相当浮夸的公共建筑，被用于严格世俗化的婚姻庆典。这些建筑奇妙地将拉斯维加斯赌场的婚礼大厅与用混凝土和石头盖成的行政大楼结合在一起，其某些特征让人依稀想起阿拉伯联合酋长国的现代清真寺或美国的福音派教堂，但却没有任何的宗教含义。

在受苏联影响的地方出生或长大的人很容易理解这些建筑的用途，即使他们搬到另一个国家，也可能会怀念这些建筑，并对它们不存在于别的国家而感到惊讶。另一方面，任何不熟悉具体类型学的人都会对其功能感到疑惑，并对其具有如此特殊的用途感到惊讶。

建筑类型学一般就是这样诞生的：某一类型的建筑具有满足特定需求的明确特征，因此被作为一种模式加以巩固和仿造，直至其本身成为一个建筑“家族”。在许多情况下，一个类型建筑始于当地，如果取得成功，就会越来越多地向外输出，就像君士坦丁堡的圣索菲亚大教堂建筑，半个穆斯林世界都在仿效它。在另一些情况下，例如苏联用于举行婚礼的宫殿，其影响范围仅限于有用的地方。有时，建筑类型学理论也会过时，就像过去的大学里用于教学解剖的解剖室，早已不再使用。

我们所熟知的大多数大型建筑都是由少数几种类型演变而来的，因为几乎所有的住宅、寺庙、陵墓、表演场所或运动场地，事实上都与早期的一些建筑有关。而在许多情况下，这些建筑甚至与现在的用途并不一致。罗马大教堂可能是这种演变的典范。罗马大教堂是一个集会议、市场和行政管理于一体的空间，但随着时间的推移，最终成为不同宗教，尤其是基督教的大多数会堂的典范。

主要的建筑类型经过几个世纪的演变，逐渐专业化，世界各地的大学通过学术培训对从事该专业的人员进行越来越多的培训，从而使不同建筑类型的应用成为建筑施工的核心内容。如果你委托一名建筑师建造一座房屋，就等于给他分配了一个比赛场地作为起点，其规则由“住宅”一词来定义，就像委托一名女建筑师建造一座田径运动场一样。

对建筑的评估很大一部分正是基于其解决方案的适用性和独创性，每座建筑都是根据其所属的类型来评判的。学校不能按照大教堂的评判标准来评判，因为它们是不同类型的建筑，需要满足的要求也完全不同。灵活运用每种类型的评判标准为建筑师发挥其设计建筑的创造力留出了空间。

我认为这里最合适的例子是音乐，因为每种建筑类型就像每种爵士乐的标准曲目。埃拉·菲茨杰拉德和比莉·荷莉戴曾以完全不同的方式演绎同一主题，但都堪称杰作，这样类比的话，你可以从更经典或更另类的角度来演绎某种类型的建筑。这两种选择同样正确，但却带来不同的价值。事实上，有些建筑因其完美体现了某一类型建筑的所有特征而备受推崇，埃拉夫人的爵士乐版本就是如此；而有些建筑则因其打破既定规则和强烈的个性而令人难忘，比莉·荷莉戴“挪用”爵士乐的标准就是如此。

在本书的第二部分，我们将讨论历史上流传于世界各地的一些建筑类型学。我们将看到，在这些类型的实践中，一些聪明的人是如何打破常规，拓宽之前为某些类型建筑设定的界限的。

我们将从世界建筑中最重要的类型开始：尽管宫殿的华丽、陵墓的庄严和寺庙的肃穆有时会影响我们的判断，但对人类来说，没有什么比家更重要了。

Chapter 10

住宅:

生活的构建象征

在一个洞里，住着一个霍比特人。这不是一个肮脏、潮湿、令人恶心的洞，里面没有虫子的粪便和泥土的气味；这也不是一个干燥、光秃秃、满是沙子的洞，没有任何东西可以坐，也没有任何东西可以吃。这是一个霍比特人的洞，意味着舒适。

J.R.R. 托尔金

《指环王》（1954 年）

托尔金这部著名小说的开头，仅用几句话就完美地勾勒出了主人公的形象。这段话的有趣之处在于，他没有用一个字来描述这个人物，而是通过对他的住所的简短描述，传达了关于他和他所在的社群的所有想法。我们知道这个霍比特人非常重视舒适的生活，我们的脑海中大概已经形成了一幅具象化的画面，画面里包含了这个文化中关于追求美好生活的品位。

这一过程在小说中屡见不鲜。如果我们稍稍回忆一下，就会想起很多人物在故事中把自己的大部分性格通过他们在故事中的住所传递给观众，从《老友记》系列中瑞秋和莫妮卡的公寓到福尔摩斯在伦敦的房子。如果 J.K. 罗琳的故事中没有充满魅力的霍格沃茨魔法学校，那么《哈利·波特》的魔力就会大打折扣。霍格沃茨魔法学校有着创造性的历史主义模仿风格，并且算作主人公真正的家，能够唤起观众的幻想和惊奇之感，与之形成鲜明对比的是，哈利不在学校时则住在萨里郡小惠金的女贞路4号那平淡无奇、千篇一律的公寓里。

雅克·塔蒂曾在其1958年的精彩影片《我的舅舅》(*Mon Oncle*) 中采用了相同的手法，他在片中再次扮演了广受欢迎的胡洛先生一角。在这部影片中，经常出现的场景是一个卡通式工业风的家庭建筑，这让人联想到让·普鲁威的作品。这位伟大的法国工程师巩固了预制建筑在法国的美学地位。这栋房子是塔蒂为拍摄而建造的，外观十分考究，是阿尔佩尔一家的居所，其冷酷理性的秩序与胡洛混乱的个性形成了对比。在一个完全不同的社区里，胡洛住在一幢混乱不堪且破旧的公寓里。

显然，建筑传递着各种价值。但在所有的建筑类型中，没有哪一种类型像住宅这样与人类和人的愿望、需求以及特殊性联系得如此紧密。

在本章中，我们将从更广阔的视角来理解“家”的概念，它超越了普通住宅的性质，也超越了为人类设计和建造的简单居住空间的概念。记得在本书的开头，我们谈到了网飞的一部电视剧，这部剧将整个凡尔赛宫作为一个时代及其最杰出的居民生活进行隐喻，剧名是以皇家住所而不是以建造它的历史人物命名。凡尔赛宫无论出于公共还是私人目的，都是一位君主的居所，因此它的设计深受国王的影响，勾勒出了路易十四本人的许多特征。正如弗兰克·盖里决定在自己的革命性住宅中融入一系列极具个人特色的建筑理念一样。

我们不会在本书中讲述房屋的历史，因为这将占用成百上千页的篇幅，而其他人已经出色地完成了这项工作。但是，我们将指出一些问题，这些问题伴随着住宅作为一种建筑类型的历史，起源遥远，如土耳其的加泰土丘[1]、苏格兰的斯卡拉布雷[2]或中国江南的棚屋。

不同的人类文化通过住宅来打造自己的生活空间。在我们对“家”的所有要求中，最重要的是它应该保护我们免受风雨侵袭。早在我们考虑赋予住宅某种特性以彰显我们自身的个性之前，我们首先关心的是生存。我们都知道，最早的房屋与“火的庇护”直接相关，这也是为什么“家”（hogar）这个词至今仍保留着字典里的含义——“生火的地方”。事实上，

1　加泰土丘是土耳其安纳托利亚南部新石器时代和红铜时代的人类定居点遗址。该定居点存在于公元前7500年到公元前5700年，它是已知人类最古老的定居点之一，其遗址被完好地保留至今。

2　斯卡拉布雷是一个新石器时代的人类定居点，位于苏格兰奥克尼群岛中最大的一个岛上的西海岸斯凯勒湾。这些村落建造于公元前3180年至公元前2500年。

在人类历史的大部分时间里，烹饪空间，也就是热源，都位于住宅的正中心。

正如维托尔德·雷布钦斯基所描述的那样，这个过程通常从创造一个空间开始，然后逐步对其进行改造，以寻求更大的舒适度，并满足居住者的需求，其方式与许多动物准备巢穴或洞穴的方式并无二致。

在最早尝试这种建筑类型的人类群体中，集体住宅的发展有一个明显的趋势：当不用为整个社区提供住所时，集体住宅会为同一屋檐下的几个家庭群体提供住所。从这个意义上说，所谓的新石器时代的“长屋”[3]的影响非常大，它在集体居住的概念上与美洲原住民、维京人等遥远的文化相联系，当然，在这些集体居住建筑的建造上存在着重要的地方差异。

从西方的独特视角来看，私人住宅形式的演变被誉为社会进步的标志。雷布钦斯基在他有趣的著作《住房，一种理念的历史》（*La casa,historia de una idea*）中解释了西方在追求家庭生活的过程中，亲密关系在住房中逐步加深，这是一个漫长而复杂的过程。语言给我们留下的遗产是“住房”和“家”这两个词之间的明显区别。“住房”指的是建筑物及其作

3 长屋是一种较长的、狭窄的单间公共住宅，出现于亚洲、欧洲和北美洲。许多长屋都是用木材建造的，类型包括欧洲新石器时代的长屋、英国西部和法国北部演变而来的诺曼中世纪长屋，以及不同的美洲原住民文化中所建造的各种类型的长屋。

为避难所的价值，而“家”则意味着舒适和家庭的概念，同时也有某种私密性。

这种集体住房的模式至今仍然存在。例如，在亚马孙河流域的文化中，仍然存在着亚诺马米人特有的“沙波诺”：一种用当地材料建造的环形建筑，这种暂时建筑是整个聚居地的庇护所。从人类学角度看，这种建筑非常有趣，它将用于集体活动的无遮挡的中央空间和用于人们更熟悉的生活领域的有屋顶的环形空间区分开来，并与其他显然更精心设计的家庭空间用途建立了强有力的联系。

同样是趋向于圆形的几何形状，在中国至今仍然存在着一种最迷人的集体住房形式：土楼，它最近因迪士尼改编的真人电影《花木兰》而声名大噪。在福建省南部，客家人仍在使用这种大型集体住宅，其合理布局让人依稀想起亚诺马米族的沙波诺屋。虽然土楼的形状不一定是圆形的，但许多最具特色的土楼都形成了一个完美的环形。从欧洲的角度来看，土楼的外观让人想起伊丽莎白时代的英国剧院，如著名的环球剧院，莎士比亚曾在这里演出过许多戏剧。土楼在概念上也与马德里传统的走廊住宅有某些相似之处。

土楼是一种向内建造的住宅，除了入口处的门和几个通风孔外，外墙几乎没有开口。这种与外界隔绝的做法也出现在罗马人的房屋中，这主要是由于维苏威火山喷发后，庞贝、赫库兰尼姆和斯塔比亚三个古城被破坏，这样的情况强化了房屋作为避难所的概念。这在许多文化中都很常见，想想伊斯兰城市，它是为了保护住宅的私密性而整体构思的。

在动荡时期，这些中国大型的集体住宅发挥着自给自足的作用，将社区与外部危险真正隔离开来，正如罗马的大型别墅在暴力事件期间也是最显赫的家庭的避难所一样。在不同的地方和文化中，房屋的这种防御功能仍在延续，欧洲中世纪城市中大量出现的与住宅建筑群相关的大型塔楼就是明证。

如果说住房的主要目的是为我们提供栖身之所，那么集体住房则是通过集体协作，使同一宗族或群体的不同家庭以较少的物质和人力获得理想的住所。毕竟，现在的住宅区很少完全由一个人或一个家庭单位建造，公众期望在同一栋建筑中，不同的家庭可以获得不同的房产。实际上，仔细想想，我们与一些传统建筑相比并没有太大的变化，住房的发展仍然保持着非常紧密的社区联系。

事实上，集体住宅与西方世界的距离并不遥远，正如中欧的贝居安会院[4]，还有乌托邦式的建筑概念，如查尔斯·傅立叶提出的“法郎吉”。1880年，在布鲁塞尔附近，傅立叶派的实业家让·巴蒂斯特·安德

4 贝居安会院是贝居安会使用的小建筑物的汇集，贝居安会是罗马天主教会的若干平信徒妇女团体，于13世纪在低地国家创立，其成员是寻求侍奉上帝而又不离群索居的会士妇女。

烈·戈丁建造了以自己名字命名的家庭住宅，其设计与今天的许多住宅项目有很多相似之处。

最近，一些社会住房的倡议与过去这些乌托邦式的提议产生了有趣的联系。毕竟，“现代运动”所考虑的理念并不完全相同，比如勒·柯布西耶自己的“单元式住宅”。同样，某些自我管理的住房项目，以单元楼为单位，共享社区的使用空间，比如里卡多·波菲尔[5]在圣胡斯托-德斯韦尔恩设计的“瓦尔登7号”[6]。在理念上，这些住宅与前文提到的傅立叶主义实验和作为其前身的传统集体住房相差并不大。

与这种集体想法相反，自从住宅作为一种建筑类型起源以来，就一直存在着以某种方式来表达社会差异的住宅，通常是为群体中最有权势的人建造的。凡尔赛宫便是这一理念的一个高度夸张和富有表现力的体现。但住宅的个性化历来是社会声望的一种具象化工具，在比路易十四的宫殿规模更小的家庭中也是如此。

15世纪至16世纪期间，在法国北部卢瓦尔河周围，出现了欧洲历史上最奢华的建筑群落之一——弗朗索瓦一世的宫廷周围兴建了约40座宅邸。弗朗索

5　里卡多·波菲尔是西班牙后现代主义建筑师。

6　该建筑是西班牙粗野主义建筑的一个重要范例。这栋建筑模拟了一个小型垂直城市，其中有房屋和公寓、街道、商店和企业，一半的建筑面积用于社区、人员流通和花园。

瓦一世是一位桀骜不驯且老谋深算的君主。这些城堡被人们称为“卢瓦尔河谷城堡群”，如今它们已成为受联合国教科文组织保护的建筑群，供游客欣赏。通过这些建筑，我们可以追溯各种乡村住宅和防御工事被改建成城堡的历史。这些宫殿将优雅的宫廷美学与古老的城堡理念相结合，给人一种童话般的感觉，因此广受欢迎。

没有它们，凡尔赛宫就不会存在。

这些宅邸融合了王室、贵族和资产阶级的利益。其中最著名的是舍农索城堡，它的名气之大，已成为全法国参观人数最多的私人古迹。该建筑群起源于中世纪，在文艺复兴的影响下进行了美学改造，既淡化了其防御堡垒的外观，又保留了一些过去的痕迹，这也是卢瓦尔河地区许多城堡的最大特点。财政大臣的妻子凯瑟琳·布里索内在丈夫征战期间，根据自己的喜好和需要改建了这座建筑，她也因此成为历史上第一位有据可查的女建筑师。她将自己的骄傲镌刻在了城堡的石碑上，同时也留下了一笔宝贵的遗产，城堡的两位继任者迪亚娜·德·普瓦捷[7]和凯瑟琳·德·美第奇[8]都追随她的脚步，亲自领导了舍农索城堡的后续扩建工程。当然，城堡的许多装饰工作是由专业人士负

7　迪亚娜·德·普瓦捷是法国国王弗朗索瓦一世和其子亨利二世在位期间的一位宫廷女性贵族，是亨利二世的“首席情妇”。

8　瓦卢瓦王朝国王亨利二世的妻子和随后3个国王的母亲。

责的。

加利福尼亚人朱莉娅·摩根是建筑史上最迷人的人物之一。尽管在她所处的那个时代困难重重，但她是第一位被巴黎国立高等美术学院录取的女性。由于她的坚持和努力，她获得了当时女性闻所未闻的成就：建筑学学位，并回到了她的国家。她是一位不知疲倦的工作者，建造了无数的建筑，并与女权组织合作开展了许多项目。到生命的最后一刻，她已经完成了约700个项目，尽管她从未保留过这些项目的详细清单，也从未宣传过她的工作。

由于她在专业上的卓越贡献，美国建筑师学会授予她最高奖项。20世纪最著名的建筑师赖特、密斯、勒·柯布西耶和阿尔托都曾获得过这一奖章。但与这4位名人不同的是，他们都是在自己仍然活跃的时候获得的，摩根的奖章直到她去世近60年后才颁发，尽管在此期间有十几年没有人获得该奖项。虽然存在如此明显的性别歧视，摩根在她的职业生涯中又不得不面对这样的歧视，但她最终在2014年进入了这个在美国建筑界享有盛誉的俱乐部，从而成为该奖项设立一百多年来第一位获奖的女性。紧随其后的是我们前文已经提到过的丹尼斯·斯科特·布朗。

这位加利福尼亚建筑师的作品数量众多，其中包括她在加利福尼亚圣西蒙为其最忠实的客户建造的豪宅，这位客户就是新闻业巨头和黄色新闻的发明者威廉·伦道夫·赫斯特。在这座拥有近两百个房间的超大型建筑群中，“城堡”这一熟悉的概念被付诸实践，我们在卢瓦尔河畔已经温习了这一概念，但这栋建筑的风格与卢瓦尔河畔的城堡有所不同。

摩根满足了赫斯特的一切奇思妙想，并有效地管理了超负荷的后勤工作。值得称道的是，作为这栋将主题公园变为豪华住宅的建筑师，她以高超的能力巧妙地避开了“虚假的历史”。因为在建筑的各个部分，她唤起了从古典地中海世界到中世纪英国的室内装饰等不同阶段的建筑历史，而不是照搬照抄。室内游泳池以穆拉诺岛制成的镶嵌画装饰，令人联想起古罗马时期的场景，颇有几分“刻奇”[9]的味道。这就是人类有史以来最奢华的沐浴空间之一，这就是“赫斯特式的”舒适。

当时，这座富丽堂皇的居所处于大型住宅进化链的末端，其奢华的风格是与历史性的某种幻想联系在一起的，正如我们前文讨论“精美主义”时的评价一样。摩根为这位著名的大亨设计的城堡是巴伐利亚路德维希二世在富森附近的领地上建造的新天鹅堡的“远房表亲”，同样具有历史主义的寓意，路德维希二

9 刻奇是一种被视为次等的视觉艺术形式，对现存艺术风格欠缺品位地复制，又或是对已获广泛认同的艺术做毫无价值的模仿。在中文使用中被音译为“刻奇”或意译为“自媚”，即讨好自己、迎合自己。

世从他所热衷的瓦格纳音乐中获得了灵感。这位巴伐利亚国王还在海伦岛上建造了自己的凡尔赛宫复制品（无语！）：海伦基姆湖宫，它与巴黎的凡尔赛宫非常相似，几乎可以说是模仿之作。如今，这三座建筑已成为主要的旅游景点，是人们了解极尽奢华的生活的窗口，而这种富裕生活往往远离大多数人的视野。

朱莉娅·摩根使20世纪住宅空间中“豪华”的概念发生了迅速的变化，而在此之前，四位获得美国建筑师协会金奖的建筑师已经取得了成功。皮埃尔·柯尼希设计的斯塔尔住宅影响深远，它的构思比赫斯特城堡的建成晚了十几年，但这两座建筑从外观上看似乎相隔了几个世纪，而它们的建造时间却相对较近。

柯尼希参与了一个项目，该项目使住宅类型学成了加利福尼亚建筑辩论的中心。《艺术与建筑》（*Arts & Architecture*）杂志邀请了该地区的一些著名建筑师，包括查尔斯、雷·伊姆斯以及芬兰的埃罗·萨里宁，来让他们展示不同的价格适中的现代住宅模型，这项实验被称为“案例研究住宅”（Case Study Houses）。1960年的斯塔尔住宅，在优雅的悬臂屋顶的衬托下，通过大窗户可以欣赏到洛杉矶的壮观景色，它毫无疑问成了后来影响最大的提案。尤其是在朱利叶斯·舒尔曼拍摄的照片发布之后，这些照片将这座建筑展现为城市灯光下的一座夜间瞭望塔，完美诠释了现代性。如果我们考虑到这座住宅至今在加利福尼亚和世界其他城市的豪宅设计中保持的影响力，那么说柯尼希的设计诞生于一个廉价住宅的提案就显得有些自相矛盾了。

正如斯塔尔住宅一样，开放的空间、无处不在的光线以及与外部的关系已成为近几十年来理想住宅模式的核心要素。这与维苏威火山埋葬的罗马时代的豪华住宅或中国的土楼恰恰相反，它们是由相互连接、高度分散的空间组成的住宅群。在这些建筑群中，门与外部世界的联系是封闭的，也是具有隐喻性的。正如我们所见，每个时代和地点对建筑的要求都不尽相同，而每种设计都有其自身的优缺点。

历史上最美丽、最有影响力的房子之一的主人对这一点颇有了解。她的名字叫艾迪斯·范斯沃斯，是一位肾病学专家。1945年，她正在为伊利诺伊州普莱诺河畔的庄园寻找一位建筑师，目的是为她在一片小草地上建造一座充满田园风光的周末度假别墅。这片田园诗般的24公顷庄园距离西北大学不远，而范斯沃斯博士在西北大学的研究工作非常成功，她曾被提名诺贝尔奖。为了完成设计，她有幸结识了本世纪最伟大的建筑天才之一：密斯·凡德罗。

范斯沃斯的住宅是一栋独一无二的优雅建筑。密斯已经有一段时间没有建造任何重要的建筑了，他在这个项目中所投入的精力可能并不亚于弗兰克·盖里多年后设计自己的住宅时所投入的热情（请看第4

章）。毕竟，范斯沃斯的住宅也是一个宣言：密斯作为一个自知是建筑界的典范，但多年来一直被“埋没”在大学教学工作中的人，正在寻求重拾桂冠的机会。

作为建筑设计中的炫技之作，范斯沃斯的住宅近乎完美。它的线条绝对优雅，建筑细节也尽可能一丝不苟，这也是密斯的一贯风格。这项挑战的一个关键部分是以尽可能简单的方式建造房屋，这就要求以精巧的手法和丰富的想象力解决大量的建筑细节问题。

但作为一个居住场所，最终的结果却是一场优雅的灾难。作为设计的一大亮点，周围田园风光的怡人景色只能在照片上欣赏到，因为这房子基本上是个玻璃盒子，冬天冷得要命，夏天又酷热难耐：地板采暖让窗户起雾，而在热浪来袭时，缓解温室效应的唯一办法就是将窗户完全遮盖起来，但建筑师拒绝这样做。我们在本章开头提到的功能性住宅应有的私密感，在这里无处可寻。

由于这些问题和其他诸多不便，艾迪斯·范斯沃斯最终控告了密斯·凡德罗，两人之间的冲突导致了一场奇怪的公开斗争。在这场反反复复的争斗中，出现了一个可笑的极端现象，从今天的角度来看，这个结局是有预兆的：在某些媒体报道中，密斯和整个现代运动被贴上了“反美”的标签，所有这些现代主义建筑都被视为意识形态上的危胁。那些在社交媒体上把凡尔赛宫和公寓楼作对比且以此来扰乱人心的怀旧主义团体，因为没有人建造哥特式的大教堂而对文明的衰落感到震惊，但其实这些人并没有发明任何原创性的东西。

柯尼希或密斯将住宅类型学用作宣言并不新鲜。事实上，在文艺复兴时期，我们已经发现了一些有趣的先例，这些别墅更多地从理论上追求完美，而不是真正作为舒适的空间。如帕拉迪奥的圆厅别墅，它很优雅但并不适合居住。在人文主义时代出现了第一批从实验角度构思且作为现代理论典范的住宅，这是完全合乎情理的。在这一时期，建筑从业人员的专业化程度也有所提高。正如我们在讨论布鲁内莱斯基时所看到的，人们普遍认为建筑学科正是在这一时期达到成熟的。

上文所述的这种建筑专业化首先涉及家庭空间。贝阿特丽斯·布拉斯科·埃斯基维亚斯（Beatriz Blasco Esquivias）在其关于西班牙家庭空间的著作中解释了为什么建筑在这一类型而非其他类型中得到了深入应用：

“设计和建造房屋，无论是独门独户还是集体住宅，都是专业建筑师首要的工作。建筑师们必须要考虑到一系列限制因素，这些限制因素不仅来自技术，还来自社会生活的共同制约，特别是在近代经历了城市发展之后，这种发展推进一直持续到今天，迫使我们不断反思城市和住宅的未来。”

尽管围绕这一类型学的理论争论并不新鲜，但在整个20世纪，这种争论无疑以一种前所未有的力量愈演愈烈。就连不属于建筑领域的创作人员也参与了讨论。例如，荷兰画家和诗人特奥·范杜斯堡把他对其可能要居住的住宅的理论建议作为其激进的美学思想的充分体现。在艺术之间的界限空前模糊的时代（以后也不会再有），范杜斯堡的思考和实践产生了极大的影响，也影响了索菲·托伊伯·阿尔普[10]和埃尔·利西茨基[11]等人的创作，因此范杜斯堡被认为是20世纪上半叶欧洲建筑创新的关键人物之一。

1924年，赫里特·里特费尔德和特鲁斯·施罗德在荷兰乌得勒支建造了施罗德之家，他们的想法通过荷兰风格派运动[12]传播开来，并对该建筑产生了影响。与本章中的其他例子一样，设计的作者之一是建筑的主人本人，因为另一位共同设计者施罗德年轻丧偶，正在为自己和家人寻找一处居所，而里特费尔德本人在妻子去世后的余生都住在这栋房子里。这让我

---

10 索菲·托伊伯·阿尔普是一位瑞士艺术家、绘画工作者、雕塑工作者和舞蹈工作者。她被认为是20世纪的几何抽象的最重要的艺术家之一。

11 埃尔·利西茨基是苏联艺术家、设计师、摄影师、印刷家、辩论家和建筑师。他是俄罗斯先锋派的重要人物。

12 荷兰风格派运动主张纯抽象和纯朴，外形上缩减到几何形状，而且颜色只使用红、黄、蓝三原色与黑、白二非色彩的原色。也被称为新塑造主义。

们了解到在寻找这些前卫建筑的房主时所面临的困难。这些前卫的建筑也是我们今天所看到的房屋的基本参考。

施罗德的住宅设计基于她与范斯沃斯宅共享的两个理念：与环境的联系和室内无墙。这两项成果的对比令人惊叹，因为现代建筑所走过的不同道路的数量众多，尽管它们的出发点是一系列比较相似的想法，但最终的结果却是两个完全不同的住宅。

施罗德故居几乎全部由不同颜色和大小的平面组成，甚至还采用了活动墙壁，使上层可以分区。尽管没有其他建筑是按照施罗德之家的理念建造的，但范杜斯堡、里特费尔德和施罗德的理念却影响了20世纪后期的建筑，尤其是在更具理论性的住宅类型学发展方面，他们甚至在美国建筑师彼得·艾森曼的激进理论住宅中留下了自己的印记。

同年，我们前文已经提到过的20世纪最重要的住宅之一也是作为作者自己的家设计的。它的作者是艾琳·格雷，我们曾说过，她比任何人都更能象征女性在建筑中的不可见性。事实上，要使她设计的这所现代运动的重要住宅得到承认，需要数十年的努力。

这座建筑被命名为E-1027。在这个类似于电影中的机器人名字的称谓背后，隐藏着作者的名字和她的情人让·巴多维奇的名字，我们在本书第一部分中提到过他。多年来，巴多维奇攫取了这座建筑的设计者身份，因为格雷并没有建造太多其他建筑，她总是为自己建造，而且多年来她并不在意自己的创作是否得到认可。巴多维奇与她交往并利用了她的才华，但格雷是自学成才的，实际上是秘密学习建筑工艺的，这要感谢一位名叫阿德里安娜·戈尔斯卡的年轻波兰建筑师，她对格雷的指导很有帮助，而且格雷总是担心她认识的建筑师们会发现她在学习他们的手艺。

E-1027号住宅的整体设计及其家具是创作者为追求纯粹的愉悦而构思的。这座房子不仅是为了享受，同时也体现了对20世纪20年代之前盛行的传统住宅形式的诸多突破。格雷对荷兰风格派运动有着浓厚的兴趣，并参与了当时最热门的设计辩论。通过巴多维奇，格雷接触到了勒·柯布西耶和何塞普·路易斯·塞特等一些改变建筑史的人物，以及费尔南·莱热和皮特·蒙德里安等艺术家。

我们很难追溯格雷受到了哪些影响，但E-1027的设计结果是革命性的，无论是房屋空间和体积的构思，还是创新家具的设计，其中包括一些本世纪最著名的家具，这些家具被认为是整个现代建筑运动中最重要的室内装饰之一。

卡门·埃斯佩格尔说，E-1027这座房子是20世纪20年代前半期所有前卫建筑风格的综合体，而这些建筑风格正是当时人们争论的主题。它呼应了勒·柯布西耶在1923年出版的《走向新建筑》（*Vers une*

Architecture）一书中提出的原则，就在爱尔兰建筑师格雷开始设计这座建筑的几个月前。这一次，瑞士建筑师柯布西耶似乎用文字写下了宣言，但将其具体化的却是格雷。因为这个海边的白色房子是勒·柯布西耶渴望进行建筑革命的5个要点的预演：将建筑与地面分开的混凝土支柱、自由平面、自由立面、推拉窗和屋顶休闲空间。

但最有趣的是，格雷并没有直接、不加批判地套用勒·柯布西耶的原则和其他运动的影响，而是对其进行了修正，并在许多情况下超越了它们。例如遮阳棚，这些遮阳棚既衬托了海景，又增加了居室的舒适度。勒·柯布西耶于1928年开始建造他的萨伏依别墅，该别墅历来被视为他所构想的“住宅是居住的机器”的范例，也是其建筑理念的完美体现。而此时，E-1027号别墅已接近完工，艾琳·格雷比柯布西耶提前完成了。

谁影响了谁？

我们已经看到了建筑史是如何处理女性问题的，而建筑史却几乎不想“自省”这个问题。但近年来，一场争论愈演愈烈，这场争论倾向于重新评估格雷在这场彻底改变了建筑学的运动中所扮演的角色。这是我最后一次强调这一点，建筑学是一门集体性学科，改变其历史的革命性思想很少出自一人之手。格雷、巴多维奇和勒·柯布西耶，以及其他许多富有创造力的人物，都曾交流、讨论并提出过各种想法。而女建筑师艾琳·格雷可能是第一个将这些过程变成实际建筑的人，尽管很难证实她是这一作品的真实设计者。

从这段竞争历史中不难看出，勒·柯布西耶从未忘记E-1027。如前文所述，他不仅破坏了E-1027，在格雷原本打算不做任何装饰设计的墙壁上画上了自己的壁画，他还搬到了离房子几米远的地方，在那里建造了他著名的小木屋，一个完全由木头制成的小型私人度假小屋。

他在那里度过了许多个夏天，从度假屋他可以看到这位爱尔兰女建筑师设计的房子。

勒·柯布西耶以许多不同的方式来削弱他的同事所设计的地标性住宅的重要性，同时在隔壁的土地上建造了自己的一部分生活。他对格雷作为一名女建筑师被忽视起到了推波助澜的作用，同时他还向当地的一家旅馆老板提议建造“露营地”，从而使E-1027这座历史性建筑的周边环境不断恶化，这些“露营地”无可挽回地侵占了E-1027的地皮，而且永远不会被拆除，因为这些露营地是这位20世纪最著名的建筑师勒·柯布西耶的作品。1965年8月27日，勒·柯布西耶在这两座建筑前的海中溺水身亡，这些事也就尘埃落定了。

我们已经看到，作为一种类型学，住宅通常具有理论宣言的功能。但宣言的问题在于，它们有被审查和掩盖的风险。就艾琳·格雷的作品而言，社会、专业因素，以及个人兴趣交织在一起，导致她的开创性作品一直处于现代建筑宏大叙事的边缘。

除了我们在本章中广泛看到的将住宅作为理论辩论的起源之外，建筑学也在小步前进，其标志是住宅的持续创新。从这个意义上说，尽管我们看到了大量独特的住宅，但住宅建筑的一大进步是标准化。手工制造通过昂贵的元素和造型展现出了凡尔赛宫的奢华理念，而系统化则使家具和其他部件的工业化生产成为可能，从而提高了更多家庭的舒适度。

1926年，奥地利第一位女建筑师玛格丽特·舒特·利霍茨基设计出了所谓的“法兰克福厨房”，这是一项革命性的设计，使住宅的这一基本组成部分的制造和安装标准化成为可能。我们在史前的住宅类型中看到，厨房是住宅的重要组成部分，但现在厨房的存在和规模逐渐缩小。与女性有关的是，无论是在资产阶级住宅还是在宫殿中，厨房都被改造成看不见的功能性角落，这也意味着女性作为住宅建筑使用者的地位被削弱。

以优化资源为目标，舒特·利霍茨基为厨房的标准化设计创造了一个合理且更经济的方案，并对全世界的厨房设计产生了长远的影响，这让宜家非常高兴。作为对个人的贡献，这位女建筑师还特别注意确保空间布局和家具摆设，以便能尽量减少移动，方便当时负责厨房工作的女性。这一充满友爱的建筑先进范例是关键性的革命之一，而对这些革命，人们却知之甚少。

法兰克福厨房被安装在一万多个家庭中，其随后的衍生产品征服了这个房间，以至于我们几乎无法以任何其他方式来看待这个空间。而当舒特·利霍茨基的想法从理论世界转移到家庭日常生活中时，她的意图也与现实发生了冲突。她受到了广泛的批评，其主要原因是，她所设想的流程设计和在此基础上构思的整个厨房，对使用者来说，并不总是舒适的。许多家具和空间最终都被用在了她指定的环节之外，这种情况任何建筑师都经历过不止一次。多年后，她甚至受到了女权主义者的批评，因为她最初的良好愿望导致了她设计的小型厨房为家庭主妇建造了一种“牢笼”，部分原因是她计划中的一些元素被取消了，例如使厨房与外部连接更自由的双开门。

建筑在现实生活中扮演着自己的角色，并在这里发生着各种变化。设计房屋时所使用的绘图板如今已被屏幕所取代，但它并不是使问题不再出现的最佳解法，只有当设计面对现实世界时，这些问题才会显现出来。

1887年，发明家安娜·康纳利成为美国第一批在没有男性指导的情况下申请发明专利的女性之一。由于城市群的规模越来越大、火灾越来越频繁，她感到非常震惊。她设计了一种可以很轻易地安装在任何建筑物上的结构：防火梯，自此拯救了成千上万人的生命。如果没有这种结构，我们就会错过电影中一些最令人难忘的场景，同时，也会有很多人发现侵犯私宅要困难得多。一位一生中建造过很多建筑的人告诉我，矛盾的是，在增加紧急出口以提高房屋疏散能力的同时，也降低了房屋的安全性，因为同时也提供了更多未经授权进入房屋的通道。

在建筑史上，每一次变革或创新通常都有两面性：一面是积极的，另一面是消极的，即使是积极方面同样也有优缺点。相同的是，生命也有一个同样重要的反面，它是所有文化都在考验的另一种伟大的建筑类型学的主角：死亡。

Chapter 11

陵墓和纪念碑：对抗遗忘的建筑

你可能没有注意到，世界上许多最著名、游客参观最多的建筑都是陵墓。

泰姬陵是一座陵墓，吉萨大金字塔也是一座陵墓。在世界七大奇迹中，有两座是墓葬：除了著名的法老陵墓，还有哈利卡纳苏斯陵墓，墓主是波斯帝国的总督摩索拉斯，“陵墓”因此而得名。从那时起，这座建筑的名声就随着时间的推移而不断扩大，因此它的名字也被用于任何特别宏伟的陵墓。

大部分去罗马的游客都会在旅途中拍下一张圣天使城堡的照片，这座城堡原本也是一座陵墓，由一位名叫德梅特里亚诺的建筑师为哈德良皇帝及其家人设计。在距离西安30公里处发现的兵马俑，与长城一起，代表了世界上最知名的中国文化元素。这些兵马俑是另一座宏伟陵墓的一部分：秦始皇陵。秦始皇是第一个统一中国的皇帝。

此外，如果我们能考虑到世界上不同宗教中许多最受人尊敬的寺庙，无论是在意大利、以色列还是沙特阿拉伯，最初都是各种宗教领袖和先知的殡葬纪念碑，我们就能更好地理解死亡和死后名声对人类的重要性，以及这种驱动力对建筑史的影响。

在许多文化和宗教中，建造用于追思的纪念碑都很常见。巴加尔二世[1]、仁德天皇[2]或胡夫等远离我们时代的统治者的名字能留存至今，在很大程度上要归功于他们的陵墓是座巨大的建筑。如今在墨西哥、日本和埃及，陵墓仍被视为身份的象征。

纵观历史，许多古老的陵墓都与景观有着密切的关系，尽管它们并没有直接模仿景观。史前时代就有这种做法，而且在不同的文化中都保留着这种习俗。

在爱尔兰东部，离德罗赫达不远的地方有一个欧洲最重要的考古遗址，被称为博因宫。该遗址包含大量意义不同的遗迹，但最吸引人的是其中三个巨大的史前坟墓，它们是爱尔兰共和国最著名的古迹之一：纽格莱奇墓、诺斯墓和道斯墓。它们的建筑风格与当地的地貌相仿，以至于在17世纪发现这三个墓穴中最著名的纽格莱奇墓时，人们误以为这是一个真正的天然洞穴。这种误解完全说得通，因为这些坟墓看起来是一群大小不一的土丘。但实际上这些土丘是由人类人为制造的，来作为个人或集体的坟墓。

后来，人们对这一基本概念进行了各种补充和修改。但从本质上讲，这些陵墓是随着技术和文化的发展而达到不同复杂程度的人工山丘。纽格莱奇墓大约

---

1 巴加尔二世亦称为巴加尔大帝，玛雅文明古典时期城邦帕伦克国王。巴加尔二世陵墓的发现是20世纪考古学界最重大的事件之一。

2 仁德天皇为日本第16代天皇，其陵墓是日本最大古墓大仙陵古坟。

有5000年的历史，比吉萨大金字塔还要早5个世纪。

毫无疑问，这种纪念碑式的墓葬最有趣的地方在于它的传播范围遍及五大洲，而且是在已知彼此没有接触的文化中，这种情况表明了人类祖先的某种共有传统。

在大阪市中心的堺区，有一座与爱尔兰的墓冢并无二致的陵墓，被称为大仙陵古坟。简单地说，大仙陵古坟就是日本版的纽格莱奇墓。这座令人惊讶的大阪古坟占地46公顷，至今仍是日本（或许也是世界）最大的古墓。它可能是在5世纪时为仁德天皇建造的。仁德天皇统治日本时，当时君士坦丁大帝及其继承人在罗马掌权。从空中俯瞰，大仙陵古坟看起来像钥匙孔，它的构造逻辑与现在爱尔兰史前时代的坟墓的构造逻辑并无太大区别。

从西班牙安特克拉的石墓到乌拉圭的印第安人土丘，从法国布列塔尼的巴尼内斯墓穴到美国的阿德纳文化的坟墓，这种陵墓类型学通过堆砌，融入了无数的地方性变化，但其精髓却几乎原封不动地保留至今。无论是中美洲金字塔、苏丹金字塔、秘鲁金字塔还是埃及的金字塔，都可以看作为了记忆而创造的人造景观的更复杂版本。

大多数陵墓和伟人纪念馆所展示的与其说是伟人的遗骸，不如说是选择将其安放在那里的人和制度。在许多情况下，这些陵墓和纪念馆是支持其自身利益、政治利益或者王朝利益的巨大灵位，也是这些已故伟人对后世来说所代表的既定秩序的理念。

2007年，马哈茂德·阿巴斯在位于拉姆安拉的巴勒斯坦权力机构总部主持了亚西尔·阿拉法特陵墓的落成仪式，该陵墓由贾法尔·图坎、奥马尔·扎因和沙迪·阿卜杜萨拉姆设计。墓室和附带的祈祷亭展现了开放空间的理念，没有围墙也没有边界，考虑到这位巴勒斯坦领导人在这个地方生活多年的这一背景，这个设计非常奇怪。

按照伊斯兰教的传统，阿拉法特陵墓的墙壁上装饰着《古兰经》的经文，陵墓顶部有一条书法带，上面写着巴勒斯坦诗人马哈茂德·达尔维什对逝者的悼词，所选用的材料是耶路撒冷的石头，更突出了其象征意义。这提醒人们，尽管这座陵墓耗资近200万美元，但它只是临时性的陵墓，因为这位政治家的遗体预计将在未来的某个时候迁往他所宣称的巴勒斯坦国首都。世界上很少有陵墓能传递出如此清晰，同时又如此政治化的信息。

这和为了纪念穆斯塔法·凯末尔·阿塔图尔克，建造的位于安卡拉的凯末尔陵的象征意义并无二致。在庄严肃穆的大厅里，公众凝视着一个象征性的石棺，现代土耳其之父的遗体实际上并没有埋在地下墓室里。在陵墓这类建筑中，象征意义就是一切，这也许就是它们在历史上如此相似的原因。

在巴基斯坦的拉合尔郊区有贾汉吉尔[3]的陵墓，他曾在1605年至1627年间统治莫卧儿帝国。泰姬陵是在帝国首都的第一座陵墓竣工5年后开始建造的，许多建筑元素在这里得到了明确的体现，使泰姬陵声名远播。这座陵墓再现了对称的设计、几何形的装饰以及以墓穴为中心（而不是石棺）的使用。沙贾汗为他最宠爱的妻子穆姆塔兹·马哈尔建造了这座非常著名的陵墓，他最宠爱的妻子不到40岁就去世了，去世那年她生下了与皇帝的第14个孩子。然而，与在拉合尔的贾汉吉尔陵墓不同的是，位于阿格拉的泰姬陵采用了伊斯兰建筑的穹顶。自穆罕默德的埋葬地麦地那的先知清真寺开始，穹顶就成了伊斯兰建筑的一个显著特征。

贾汉吉尔陵墓和泰姬陵的元素也反映在凯末尔陵中，尽管这是作为献给阿塔图尔克的象征性陵墓，但其设计师埃明·奥纳特和奥尔罕·阿尔达把源自塞尔柱和奥斯曼帝国的装饰元素以及某些西方元素融入其中，最终的结果是一个“土耳其版的”林肯纪念堂。20年前，为了纪念另一位国父，林肯纪念堂在华盛顿国家广场竣工。1981年，在美国的国家象征中心，建成了近几十年来美国最辉煌的纪念馆之一。得益于电影和电视，林肯纪念堂如今已被视为美国的地标性

3　贾汉吉尔是统治印度次大陆的莫卧儿帝国的第四任皇帝。1627年，贾汉吉尔驾崩，其子（著名的泰姬陵建造者）沙贾汉即位。

建筑，但在当时却引发了一场真正的风暴。

当年，耶鲁大学艺术系的一名应届毕业生击败了1240个竞争者，设计出了该国历史上令人最不舒服的纪念碑之一。由于提交的作品太多，评审团不得不在一个空军基地上对所有作品进行筛选，这样才能完全容纳它们。由于是盲审，评委们并不知道每个方案背后的设计者是谁，最终，编号为1026的方案被选中。这个数字的背后是玛雅·林[4]：一位年轻的华裔女性。获奖者的这几个特征所引发的反对风暴可谓声势浩大，尤其是她曾在越战退伍军人纪念碑的竞赛中胜出。

林的提案极为出色，因为该设计扎根于坟墓的传统的同时，将其所有元素颠倒过来。她的方案远非一个假想的建筑，也没有任何修饰上的炫技，只是在土地上做了一个简单的切割，就好像她在对我们之前见过的传统坟墓进行分割。事实上，这里的地形几乎没有任何隆起，而是一条缓缓下降的沟壑，巧妙地下降到地面以下。纪念碑的切口呈钝角，参观者要经过两面黑色墙壁，上面写着在越南阵亡的美国人的名字。

这个提案所选用的材料也引起了很大争议，但这并非巧合，因为它可以让游客的脸映在刻有死者名字的石头上。两面墙上的开口也不是偶然的：林从一

4　中文名林璎，生于俄亥俄州阿森斯，美籍华裔建筑师，是中国建筑师林徽因的侄女。

个直角开始，强行将其扩大，使两面墙与华盛顿纪念碑和林肯纪念堂对齐，这样就可以从参观的两侧分别看到华盛顿纪念碑和林肯纪念堂。这个看似简单的设计，是地面上的一个切口，代表着深深的战争创伤。

这座纪念碑后来大受欢迎，并产生了巨大影响，改变了纪念碑的历史。当人们回忆起纪念碑设计者所面临的种种问题时，不禁会感到脸红。由于她的性别、年龄和种族，她被许多人视为纪念碑所纪念的士兵的对立面。她甚至被带到美国国会为自己辩护，最后达成的协议包括额外安装一座不那么有趣、更传统的三位士兵的雕像，作为她的杰作得以实现的条件，因为他们认为林的设计过于抽象。但至少避免了在纪念碑的两面墙壁上竖立有关雕塑，因为那样会完全破坏林的预期效果。

幸运的是，在20世纪80年代初选择和建造这座纪念碑的过程中，没有人对越战纪念碑墙壁上的文字让人联想到一些亚洲甚至伊斯兰的传统而感到过于震惊。毕竟，正如我们所见，纪念性建筑是对某些超越语言、文化和大陆的共同文化的回应。

Chapter 12

寺庙和圣地:
为大地祈福的建筑

毫无疑问，寺庙是历史上最重要的建筑形式之一，存在于绝大多数文化中。然而，尽管寺庙在不同人类社会的空间中都具有重要意义，但就其作为一种建筑类型学的发展而言，它广泛而普遍地借鉴了我们在前几章中讨论过的两种类型：住宅和陵墓。

如果我们回顾一下世界各宗教的主要圣地，就会发现其中很大一部分都被视为神灵的居所，并具有许多不同的礼拜仪式或历史特征，而另外一些圣地则起源于各宗教中重要人物的埋葬地。

著名的帕特农神庙只不过是一座装饰精致的房屋，因为作为一种类型学，神庙是从住宅演变而来的，而希腊神庙至今仍是世界各地众多神圣空间的设计基础。这种情况是符合逻辑的，因为希腊文化认为这些建筑是供奉其女神和其他众神雕像的居所，而这些雕像很少被搬到室外。这一模式与其他地中海文化（早期和晚期）相似，在历史进程中，该理念对世界各地的圣殿设计产生了巨大影响。另一方面，早期的教堂都安置在家庭空间中，后来影响了为此而专门建造的教堂的设计，就像早期伊斯兰清真寺的外形让人联想到麦地那的穆罕默德之家一样。

至于与陵墓相连的庙宇，其数量之多，几乎无须列出一个清单。对圣人遗骸的崇拜在不同宗教中都非常普遍，其中天主教或许是最能将这一习俗作为其识别特征的宗教，其组织和整个宗教的中心位于梵蒂冈的一座陵墓就证明了这一点。

以上所述不应被视为一个普遍规则，而应被看作一个简要的说明，在此基础上可以增加两种不同的情况：神庙的圣物堂和神圣化空间，二者概念不同，但有许多相似之处。在第一种情况下，建筑庇护着具有特殊宗教价值的物品或场所。例如，耶路撒冷的圆顶清真寺里存放着奠基石，德尔斐的阿波罗神庙庇护着著名的神谕预言的裂缝，或者是印度菩提伽耶城的摩诃菩提寺，这里是释迦牟尼悟道成佛的地方。

在第二种情况下，我们讨论的是被指定为神圣之地的区域。在这种情况下，建筑具有标志性的价值，例如许多新建的犹太教堂、教堂或清真寺，它们建在以前没有任何宗教价值的土地上，只是因为社区需要一个新的宗教场所。在这种情况下，建造教堂本身就标志着这片土地的神圣化。同样的情况也发生在那些正在修建的建筑上，尤其它们是建在已经是圣地的地方。在这种情况下，建筑提供了一个空间，容纳了一系列受人敬仰的物品和提供了供人朝拜的场所。

麦加大清真寺是伊斯兰世界最大的清真寺，几个世纪以来，这座清真寺不断扩建，不仅容纳了克尔白和其他圣地，如渗渗泉和亚伯拉罕巨石，还接纳了越来越多的朝觐者。在穆斯林信仰中，克尔白是“真主之家”，是世界上最神圣的地方。

这个神圣的区域是人类有史以来建造的最重要的区域之一，吸引了大量的游客。2012年，世界上最大的住宅楼就在它几米之外落成——麦加皇家钟塔饭店是一座由酒店塔楼和住宿设施组成的建筑群，专为每年前往麦加朝圣的数百万人提供住宿。就面积而言，它被认为是全球第三大建筑，仅次于迪拜机场3号航站楼和成都的巨型多功能建筑——新世纪环球中心。

我们所看到的这些建筑倾向之间的混合将是永久性的，融合后出现的变体和组合几乎是无限的。有些神庙在之后被改造成重要人物的陵墓，这些人物接受众人对自己的崇拜，从而改变了神圣空间的用途。坎特伯雷大教堂就是一个明显的例子，大主教托马斯·贝克特[1]于1170年在这里被谋杀。关于英格兰国王亨利二世对这一罪行是否负责的争论无休无止，暗杀事件所带来的震撼传遍了整个欧洲，并引发了对这位新圣人的大规模崇拜。因此，埋葬贝克特的大教堂很快成了人们朝圣的圣地，这导致了新的需求以及建

1 托马斯·贝克特是英格兰王国国王亨利二世的大法官，因为反对亨利二世对教会的干涉，试图把教会的司法权收回时，请求教宗的干预，触怒了亨利二世。1170年，他因被亨利二世支持的四位男爵骑士在坎特伯雷大教堂刺杀而殉道。教宗亚历山大三世于1173年封他为圣人。

筑结构的重大变化。

其他寺庙主要是各种宗教团体进行学习或祈祷的永久用地。在中国西藏地区，距拉萨约120公里处，有一座西藏最古老的佛教寺庙，它是桑耶寺的一部分。桑耶寺是西藏宗教传统中典型的曼陀罗形状的建筑群，汇集了不同时期的建筑。这个寺庙可以作为一个很好的例子，说明什么样的寺庙才是献身于宗教生活的人们该有的修行地。道教、印度教和基督教等不同宗教中的寺庙或者修道院，也许是最能体现寺庙与住宅之间共生关系的建筑。

在这一点上，我们对被视为圣殿的建筑的解读主要集中在建筑的功能性上，而不是建筑最基本的性质：空间。

从空间的角度来看，寺庙可以满足两种不同的需求：充当圣殿或作为祈祷场所。在第一种情况下，我们所面对的建筑并不是为了让人们走进去而设计的——除了少数的信徒、僧侣和达官贵人之外，而是作为视觉参照物，将神圣的空间设计体现在景观中；在第二种情况下，我们所面对的建筑是从礼仪的需要出发，为祈祷和仪式提供一个空间，并有足够的容量，可以容纳一个非常大的群体。

在做出这种划分之后，如果我们回过头来阅读本章，就会发现可以很轻易地将我们已经提到过的寺庙归入这两种类型。一方面，我们有桑耶寺、帕特农神庙、圆顶清真寺或摩诃菩提寺，这些寺庙的建筑风格独特而精美，标志着这些寺庙是一个大多数人无法到达的地方；另一方面，梵蒂冈、麦加大清真寺或坎特伯雷大教堂都是为聚集大量人群而设计的建筑。当然，每座寺庙都会根据各自宗教的特点选择其中一种。

如上所述，希腊神庙是雕像的居所，有时也是存放圣像和供品的储藏室。但是，尽管它们是古典世界最壮观的遗迹，但无论是帕特农神庙还是希腊的大多数神庙，都不是希腊宗教的中心，因此也不是希腊宗教仪式中不可或缺的部分。人们不会进入这些建筑，事实上，它们在一年中的大部分时间都是关闭的。除了神秘崇拜等少数情况，希腊宗教的各种仪式总是在室外举行。

另一个极端是犹太教、基督教和伊斯兰教等宗教，在这些宗教中，信徒的聚集是其仪式的重要组成部分，尤其是这些宗教非常重视传道。这就意味着，在建造犹太教堂、基督教堂和清真寺时，无论建筑规模大小，都要特别注意内部装饰。科尔多瓦清真寺是真正的建筑瑰宝，它优雅地解决了建造一个功能齐全、易于扩建、可容纳大量人员的空间的难题，而且无须任何高超的技术。

尽管如此，还是有必要提醒一下：神庙的大小与内部是否存在容纳人群的空间没有直接关系。尽管蒂卡尔的玛雅神庙规模宏大，比许多教堂和清真寺都要大，但里面却没有人群聚集的地方。玛雅文明的宗教仪式与古希腊一样，限制了人们进入神圣空间。同样，高棉帝国首都吴哥窟的神庙至今仍被认为是人类建造的最大神庙，它是另一个只有少数精英才能进入的巨大建筑的例子。它巨大的体积如今是柬埔寨的象征，也是世界上游客参观最多的古迹之一，是城市和帝国的象征性中心，但它并不是人们的祈祷场所。

正如古埃及庞大的宗教建筑群所证明的那样，即使没有不朽的内部空间，宗教仪式也是以大型群体集会为基础的。像卡纳克神庙这样不寻常的建筑，从其构造逻辑上看，可能会让我们联想到科尔多瓦清真寺的祷告大厅。尽管底比斯的卡纳克神庙实现了其宗教功能，却很少有人能欣赏到这样高超的建筑技术。

为了让这些在伟大的古代文明神庙中几乎不存在的内部空间变得更加重要，有必要建立以通过群体观念传播信仰为基础的宗教，但这也在很大程度上受到这样一个事实的影响，即包括群体仪式在内的崇拜，需要在更加家庭化甚至秘密的环境中进行。

当基督教诞生时，它甚至还没有采用自己的寺庙类型学，因为正如我们所看到的那样，它的集会是在室内举行的。但这一特点已经是一种变化，因为与这一新兴宗教共存的罗马宗教仪式通常是在公共场所举行的。基督徒既不是第一个也不是唯一一个在室内举行仪式的宗教团体，但他们的信仰在随后几个世纪中的发展证明，新的宗教仪式和建筑方式的传播对满足他们的需求具有决定性意义。在家庭空间聚会之后，人们开始专门使用某些空间进行礼拜，于是诞生了集会堂，其实它们只不过是被改装成教会的房屋而已。耶稣的信徒们很好地利用了这一建筑方案，使他们能够谨慎地、秘密地实践自己的信仰，尤其是在罗马帝国的东部地区，那里是基督教信徒增长最快的地方。

由于基督教成为公共宗教，而集会堂也因为规模太小而过时，人们需要大型建筑来举行宗教仪式。由于在已知的宗教建筑中没有可供参考的内部空间，他们转向了民用建筑类型学。古典世界曾出现过专门用于聚集人群的建筑，尤其是在政治权力和行政管理领域，如古希腊的议事厅，供议会专用，还有罗马元老院使用的议事堂。然而，早期基督徒特别关注一种类型：巴西利卡，这是一种集司法和商业功能于一体的多功能建筑，通常在城市广场中占据显要位置。

在很长一段时间里，基督教的巴西利卡大会堂是群众集会的圣堂的主要典范，其影响至今仍然十分深远，以至于几个世纪以来，它的名字一直被用来指代基督教用于宗教仪式的场所，许多人已经忘记了“巴西利卡”这个词曾经指代的是民用建筑。与此同时，在世界其他地方，大多数其他宗教都认为寺庙首先是一个限制性的空间，其内部对大多数人来说都是禁区。

奇怪的是，有一座非常独特的教堂却将这两种看似对立的想法结合在了一起。同时，它曾经是城市环境中的一个地标性建筑，具有传统风格的外观，在众多建筑中显得格外醒目，其内部空间也令人赞叹，能够容纳大量人群。它在很久以前就取得了这样的成就，以至于我们几乎忘记了它曾经取得过怎样的成就，以及它如何影响了后来成千上万的建筑。因此，如果从建筑史的角度来评判，它或许是人类历史上最重要的神庙。它位于罗马市中心，因此我们可以一边品尝开心果味的冰淇淋，一边欣赏它的外观。

万神殿无法用夸张来形容。当我们对其进行分析时，似乎无法夸大其建筑的卓越性。外观上，气势恢宏的巨型圆柱保留了传统罗马神庙的古典风格。但是，当我们穿过它巨大的门时，我们会发现内部空间的规模在当时的宗教建筑中并不多见，其顶部是一个开放式的穹顶，上面有一个天顶式的视窗，这是几个世纪以来建筑智慧的结晶。这个独一无二的穹顶是世界建筑史上最伟大的传奇，它耀眼的光辉引发了一连串的模仿效应。此后，庄严的穹顶充斥着整个世界。事实上，在本书中提到的许多重要建筑中都可以看到它的直接影响，如布鲁内莱斯基的穹顶或帕拉迪奥的圆厅别墅。

万神殿的设计完成于公元125年左右，传统上被认为是叙利亚建筑师兼工程师“大马士革的阿波罗多洛斯”的杰作。他在首都为图拉真皇帝建造了几个浴场和最后一个帝国议事广场，其中包括一个巨大的有顶商业区。这些建筑与罗马所有具有显著内部空间的建筑一样，都有民用功能。我们永远无法确定是谁提出了将这种宏伟的内部建筑空间概念移植到神庙中的设想，这应该是哈德良皇帝下达的命令，作为对玛尔库斯·阿格里帕[2]的早期建筑的重建，这是因为阿格里帕在奥古斯都统治时期建造的建筑之后遭受了严重的破坏。与人们的普遍看法相反，万神殿虽然名为万神殿，但并不是所有神灵的圣殿，而是供皇帝祭祀的场所，这也是万神殿内部极其独特的原因。

哈德良时代建造的这座建筑提供了一个巨大的统一内部空间，这是几何游戏的结果：一个空心球体插入一个支撑它的圆柱体内。这样说来似乎很简单，但要将其变为现实，就意味着要运用当时所有的建筑科学，包括有史以来最精细的混凝土施工技巧。尽管这场建筑革命与奥古斯都时期并无关联，但古老的阿格里帕的铭文却被刻在柱廊上。它之所以至今仍屹立不倒，是因为从那时起，历代瞻仰它的人都惊叹于万神

2　玛尔库斯·阿格里帕是古罗马政治家与军人，屋大维（恺撒·奥古斯都皇帝）的密友、女婿与大臣。为了纪念亚克兴海战，阿格里帕在公元前27年建造了日后被称为万神庙的建筑，后期被毁。公元125年皇帝哈德良用阿格里帕的设计建造了他自己的万神庙并留存至今。

庙的壮观，它一直受到人们的尊重并一直在使用，同时也因为它是一座建造得极其精良的建筑，而且在近两千年的历史中，它也经历了不小的改建。

然而，万神殿却无法复制，它是一座具有未来性的建筑。室内空间的革命不是一蹴而就的，而是一个渐进的过程，这与基督教的传播和随后的胜利，以及其对教堂集会空间的需求密切相关，我们在上文已经提到过这一点。但即使在这种情况下，第一批基督教巴西利卡大会堂也更多地沿用了民用建筑的模式，只是在可控的范围内小规模地引入了万神殿的创新。随后几个世纪中，真正具有启发性的内部空间主要是大浴场和令人难以置信的君士坦丁大会堂。这些建筑虽然还不错，但事实上，用于宗教场合的建筑已经暂时放弃了伟大的空间革命。

直到另一位皇帝的想法与之不谋而合。

他的名字叫查士丁尼，虽然现在我们坚持称他为拜占庭人，但他认为自己是完全的罗马人。他杰出的妻子狄奥多拉皇后受到了很多诽谤，这或许与她是丈夫的共同执政者以及少数几个掌握最高权力的女性之一有关。公元537年，这对刚刚登基的帝国夫妇见证了第一座挑战罗马万神殿的建筑的建成。距离万神殿的建造已经过去了四百多年，但等待是值得的。

君士坦丁堡的圣索菲亚大教堂是一次珍贵的“基因杂交”实践。正如过去的伟大建筑一样，我们永远不会知道这是谁的主意，但两位分别名叫“特拉勒斯的安提莫斯”和“米利都的伊西多尔”的学者接受的委托，基本上是将罗马万神殿的概念融入君士坦丁堡大会堂的建筑设计。这在技术上是不可能的，因为如果不使用伟大的罗马建筑的专有混凝土，就无法应对这一挑战。

圣索菲亚大教堂作为一个帝国的宏伟建筑，如果我们分析一下它的建造逻辑，就会清楚地发现，万神殿的模式显然是作为一个有待超越的目标而存在的。例如，将更多的光线引入室内，将其巨大的穹顶空间与不太零散的大殿平面融合在一起，从而形成了一个非常均匀的空间。正如我们在本书第一部分所看到的，有时“天方夜谭”也能奏效。

对这一挑战的回应是一座非常巧妙的建筑。就像万神殿的球体炸开了囚禁它的圆柱体一样，圣索菲亚大教堂的基座布局给人一种巨大的空间感，而它的穹顶以及底部的环形放射状小窗则营造出一种失重感。查士丁尼将这项大胆的工程委托给了一些极富创造力的人，并为这座作为其权力象征的建筑投入了大量的资金和人力。尽管如此，这次的成功却只持续了不到二十年。

圣索菲亚大教堂可与万神殿相媲美，但也因为其大胆的设计付出了高昂的代价。首先，我们今天看到的这座建筑并不完全是它最初的模样。这座建筑最初的穹顶较为扁平，从而强化了内部球体空旷的概念。但最初的屋顶在公元558年的一次地震中被毁，可能是因为它太平了。重建后的屋顶提高了它的轮廓，从而使屋顶不再是球形，但却增加了其坚固性。另一方面，如今留存下来的装饰与查士丁尼时代的构想并不相同，其上光彩夺目的镶嵌画给人一种内部空间几乎深不可测的错觉。

我们今天看到的圣索菲亚大教堂非常壮观，但它的原型更为壮观。令人啼笑皆非的是，为了与万神殿竞争，大教堂的设计者使用了其他用途较少的材料，而这也是这座建筑留给我们的最伟大的遗产之一。由于这里没有圆柱体来承托穹顶，使其具有必要的稳定性，特拉勒斯的安提莫斯和米利都的伊西多尔设计了一个复杂的二级和三级半穹顶系统，以分散主穹顶的负荷，并由巨大的外部支撑物进行支撑，使建筑显得更加庞大，同时与轻盈的内部形成明显的对比。

随着时间的推移，这种独特的结构设计成为许多穆斯林建筑师的最爱，因为伊斯兰教在世界各地传播，需要大型、庄严的清真寺。作为罗马传统的主要继承者之一，伊斯兰世界在其举行宗教仪式的场所中采用了古典世界的知识。大马士革的倭马亚清真寺是世界上最古老的清真寺之一，当我们走进这座清真寺时，我们会立刻感受到它与罗马和基督教的巴西利卡大会堂有共同之处。如果你漫步在伊斯坦布尔，你会不断涌起似曾相识的感觉，因为你会遇到各种让你想起圣索菲亚大教堂的建筑，比如苏丹艾哈迈德清真寺、苏莱曼尼耶清真寺，以及2016年落成的强穆勒佳清真寺。这些建筑都遵循并完善了古老的查士丁尼大教堂从其起源开始就为穆斯林世界奠定的混合性空间的基础。

然而，在西班牙，从马德里市中心向西北方向驱车不到一个小时，就能找到对寺庙概念进行最复杂混合的案例，同时也是迄今为止，我们唯一可以在一座建筑中看到三种类型的综合性案例。埃斯科里亚尔修道院的确是一座寺庙，但同时也是一座房屋、一方陵墓。它是当时最有权势的君主费利佩二世权力的表征，也是他成为“天主教捍卫者”的个人献身精神的实物代表，同时这里还是一座修道院、国王的宫殿和王朝成员的陵墓。

如果说这个雄心勃勃的建筑计划还不够复杂的话，那么我们还可以了解到，这个修道院同时也被设计成一个文化和学习的空间，因为这里有整个王国最重要的图书馆，象征性地坐落在建筑群正门的上方，还有一所学院，占地面积很大。恰如其分的是，这个建筑群的顶部是一个穹顶，且是天主教大教堂的穹顶，与我们在本章中看到的其他穹顶具有相同的象征意义。

协调如此众多复杂的建筑要求，先后由建筑师胡安·包蒂斯塔·德·托莱多、胡安·德·埃雷拉和弗朗西斯科·德·莫拉负责，后来的其他建筑师对其进行了修改。在这座建筑中，值得一提的是巴洛克风格的国王陵墓，它有着在当时的欧洲无与伦比的艺术装饰。对于这样一个雄心勃勃的工程来说，没有任何值得借鉴的先例，而国王又把他的大部分财富用于工程的实施，因此该工程的目标被定在了一个介于历史和神话之间的参照物上：耶路撒冷圣殿。因此，通过这座建筑，费利佩二世将自己塑造成了一个新所罗门的形象，埃斯科里亚尔修道院具有了彰显这一概念的性质。

我个人认为，这座建筑并不适合放在有关住房的章节中，因为埃斯科里亚尔的这个建筑群远不只是一座宫殿：它是一座献给集宗教、哲学和政治于一体的思想的殿堂。这座具有象征意义的费利佩二世的建筑群本身就是一所充满含义的宫殿，是一系列权力理念的综合体，在这一领域，它超越了凡尔赛宫或梵蒂冈等标志性场所。

事实上，尽管乍一看这似乎是一个相当令人惊讶的飞跃，但最成功地继承了费利佩二世的伟大工程及其神圣性理念的建筑或许是美国的立法大楼。

在华盛顿的一个高岗上，矗立着近两百年来最具影响力的“神庙”之一，这座建筑的名字来源于罗马城中心地带的一座山丘，但在这里，它是一座公民圣殿。它的主要建筑师是维尔京群岛出生的艺术家、发明家威廉·桑顿。不过，就像这本书中介绍的大多数伟大纪念碑一样，多年来这座建筑也经历了无数次改建，改建者中不乏富有创造力的人。

美国国会大厦于1800年启用，是世界上最著名的立法建筑。在这一过程中，这个年轻的国家为自己准备了代表其公民权的空间。从白宫到杰斐逊在弗吉尼亚州的住所蒙蒂塞洛，所有的这些建筑都受到了罗马建筑的启发，但这些建筑又都经过了帕拉第奥风格的演绎。美国与许多其他国家一样，在其政治纪念碑中采用了古典形式。这些形式源自古代的神庙，这绝非巧合，因为这种美学传达了永久性的理念，同时也是一种神圣空间的形象。同样，这座圣殿的顶部是一个圆顶，这一点也绝非巧合。

从概念上讲，国会大厦不仅是一个集会场所，而且就像费利佩二世的伟大工程一样，它也是国家的主要图书馆，尽管如今其百科全书式的藏书已远远超出了最初用于此目的的空间。美国国会图书馆拥有1.7亿个条目，被认为是世界上最大的图书馆，也是美国历史最悠久的联邦文化机构。但是，这个图书馆存在于一座本可完全用于政治目的的建筑中，这具有一种象征意义，它强化了这样一种观念，即在其白色墙壁内的一切都是神圣的——民主与文化之间的联盟也是如此。

在几千公里之外的南方，几乎在同一片大陆的另一端，布宜诺斯艾利斯市在华盛顿国会大厦落成的那个世纪末，开始了建造自己的市民圣殿的进程。这项工程耗时漫长，耗资巨大，直到20世纪才在一片争议声中竣工。阿根廷国会宫是一个完美的例子，它证明了这种古典风格的混合体是第二次世界大战前建造世界主要议会建筑的最合适的风格。但它也代表了美国立法建筑的胜利，美国国会大厦是神圣空间与民间建筑共生的典范。

在本章中，我们主要关注了“混合”，从巴西利卡大教堂到美国国会大厦，我们看到了宗教建筑的精髓是如何回归到民用建筑的。2021年1月6日，美国立法机构所在地遭到袭击，这引起的社会恐慌不仅仅是因为最重要的政治对话场所遭到袭击，那些传遍世界的画面，其实描绘的是对民主圣殿的攻击。这是一个神圣的空间，几个世纪的建筑史赋予了它神圣的地位。

Chapter 13

博物馆和文化场所：文化的庙宇还是坟墓？

博物馆或许是我们这个时代最庄严的殿堂。

这些空间跨越了个人的宗教信仰，吸引着世界各地数百万人的目光，不论出身、性别或文化。很少有寺庙能像大型的著名博物馆那样，年复一年地吸引如此众多的游客。世界各大博物馆已成为一个国家外交政策和经济战略的重要组成部分，其管理受到最高级别的监管。

同样，世界上最有权势的男人和女人也争相与一流的建筑公司合作，为他们提供最新的具有影响力的博物馆，正如我们在毕尔巴鄂看到的弗兰克·盖里的古根海姆博物馆。人们争相与最传统和最负盛名的博物馆合影留念，正如2022年6月北约领导人在马德里普拉多博物馆的合影。

尽管当今的国际标准倾向于使博物馆成为面向全社会的开放的、大众的、思考的空间，但事实上，这一机构诞生之初是国家手中的政治工具，而在大多数情况下，这些国家的民主程度很低。几个世纪以来，博物馆一直将社会的大多数人拒之门外。博物馆要么仅限于某些文化水平较高的少数富裕群体使用，要么被用来向人们传授“正确的”教育（按照强加的精英模式进行的教育）。

博物馆诞生于希腊文化，尽管当时的博物馆并不像我们今天所理解的博物馆。事实上，不同的文化存储空间之间的界限是流动的：例如，博物馆与图书馆之间的区别并不明显。后来，欧洲帝国主义列强根据古希腊的概念对博物馆进行了改造，使之成为其理想的象征，这样一来，博物馆反过来又成了帝国主义弊端的体现。

春日里，柏林人坐在花园的草地上享受着一年中的第一缕暖意。如果你漫步在柏林的卢斯特花园，就会看到一座巨大的建筑，古典的柱子让人立刻联想到古希腊神庙。这就是庄严肃穆的柏林旧博物馆，由新古典主义大师卡尔·弗里德里希·申克尔于1825年至1828年间建造，是博物馆岛的标志性建筑。柏林博物馆岛其实是普鲁士国王用来宣传其文化优越性的展览空间，同时也是与其他欧洲大型博物馆竞争的地方。

普鲁士的腓特烈·威廉三世在拿破仑战败后前往巴黎参加和平谈判时，对卢浮宫留下了深刻的印象，并希望在自己的首都也有类似的建筑。拿破仑在滑铁卢战败，但他的文化宣传工具却在伦敦、阿姆斯特丹、马德里和慕尼黑被效仿。欧洲各帝国为了庆祝自己摆脱了法国的入侵，在文化上进行了各种庄严的自我标榜，在整个欧洲投入了大量的建筑经费。在19世纪末之前，这还影响了美国和世界上许多其他国家。

伟大的国家博物馆就是这样诞生的，如今数以百万计的参观者怀着激动的心情瞻仰这些博物馆。这些博物馆是欧洲根深蒂固的帝国文化的一面旗帜，也是美洲年轻国家对帝国文化的模仿。因此，所有这些建筑都是古典建筑风格复兴的结果，它利用了博物馆美学没有伟大的先例这一事实，并在我们的集体想象中牢牢扎根。

当我们看到大英博物馆夸张的柱子时，（就会明白）它在建造之初与伦敦市中心布卢姆茨伯里的建筑风格毫无关联；当我们想起里约热内卢国家博物馆时，它在2018年被一场大火烧毁，其过时的葡萄牙殖民时期的别墅外观也被烧毁，我们会产生怀旧之情。建筑怀旧主义的诞生建构性地表达了人们对失去自诩的文化霸权的恐惧。而在当时的环境中，人们越来越清楚地认识到，这个世界正在坠向深渊，下一场革命很可能就是决定性的革命。

几乎所有这些建筑都是从建筑意识形态的角度来构思的，坦率地说，作为观赏艺术或文物保护的空间，它们是灾难性的。的确，19世纪的博物馆标准并不像现在这样，对文物安全的关注也不像今天这样，但同样真实的是，直到20世纪，被开发的大多数博物馆建筑都是一种“夸夸其谈”，作为展厅或文化物品储藏室也是非常低效的。

建筑师们一代又一代地努力使这些经典空间更

好地适应现代博物馆的实际需要，他们深知这些空间存在着诸多问题。事实上，对于21世纪的观众来说，最舒服的办法就是让这些老建筑退役，因为它们太大、太吵、太不舒服，但这些博物馆已经拥有的浪漫主义和年代价值解释了为什么每年都有数百万游客和参观者待在这些不舒服的房间里，以至于它们如今已经变得不可替代。也许正因为如此，博物馆才是所有建筑工作室都想品尝的美味之一，因为与其他类型的建筑相比，博物馆对于建筑设计有着更低的需求满足度。

伟大的建筑大师弗兰克·劳埃德·赖特，我们之前评论过他的职业生涯在很大程度上得益于玛里恩·马霍尼的绘图天赋。他在纽约第五大道和第89街交会处设计了一座博物馆建筑中的“悖论性建筑”，它可能是整个20世纪建造的最著名的博物馆，同时也是有史以来为大型机构设计的最糟糕的展览空间。当然，我们说的是所罗门·R.古根海姆美术馆，它是有史以来许多建筑师对博物馆知之甚少、漠不关心的最好体现。

赖特的构思在建筑学上非常出色。一个白色的、统一的、非常醒目的空间，呈螺旋状向下延伸，让公众以流线型的下降方式环绕整个博物馆。路线从建筑的顶部开始，参观者沿着一个环绕着壮观的中庭的坡道缓缓而下。建筑师亲自设计了每一个细节，包括可以照亮古根海姆收藏作品的自然采光口和小斜坡，这样就可以以倾斜的姿势欣赏画作，仿佛置身于艺术家的工作室。此外，这座建筑与我们熟悉的任何建筑都不同，与20世纪50年代纽约的主流风格大相径庭，这一切似乎都在表明这个博物馆是注定要成功的。

从这一建筑奇迹必须作为真正的博物馆、在现实世界中使用、满足现实需求的那一刻起，问题就出现了。

使赖特的古根海姆美术馆成为20世纪最杰出建筑之一的每一个伟大的建筑决定，实际上都是一场博物馆的灾难。这座建筑使参观者疲惫不堪，白色的墙壁在展览中并不可取，而人员的流通系统也无法有效地容纳大量人群。整个博物馆实际上是围绕中央中庭布置的，这使得嘈杂的噪声令人难以忍受，尤其是在学生团体到来时。尽管这座博物馆的布局不像其他著名博物馆那样宽阔，但公众在参观藏品时往往会感到疲劳，而且还会产生某种迷失感，因为赖特创造的流动螺旋运动消除了许多空间参照物，并传达出一种无限的时间感。当然，大师设计的用于照明的天窗也被放弃了，因为画作无法暴露在自然光下。建筑师设计的展览方案也没有实现，因为他为作品规划的位置无法让画作得到更好的展示。事实上，古根海姆美术馆收藏的许多画作甚至都无法放入赖特设计的展板中。迄今为止，这座建筑经过了无数次的改建和调整，缓解了许多问题，但有些问题依然存在。这绝对是建筑界的一次胜利。

赖特的古根海姆博物馆变成了一个象征，正如一个世纪前申克尔的柏林旧博物馆一样，但是这个象征并不代表要尊重保存画作所需的最佳光照条件等常规事务。事实上，纽约古根海姆博物馆的胜利让全世界的博物馆和艺术中心到处都是白墙，这让许多参观者感到痛苦，同时也让大量的自然光照射进来，这让负责保护作品的技术人员感到绝望。

博物馆就这样成了现代性的建筑物。不久之后的1968年，在申克尔建造了古典博物馆典范的同一个城市，一座新的博物馆开馆了。这座建筑紧邻蒂尔加滕花园，即是由“四大现代建筑大师”中的另一位设计的美丽灯箱。

这就是密斯·凡德罗，他第一次回到自己的祖国，为世界带来了欧洲最令人叹为观止的、简约而美丽的博物馆之一：柏林新国家美术馆。这座美术馆用于举办现代艺术大师的展览，它将成为柏林的古根海姆博物馆。按照我们已经看过的范斯沃斯宅的思路，密斯接受并克服了在室内消除任何建筑障碍的挑战，由于该建筑拥有巨大的玻璃窗，室内变成了室外。因此，他既创造了一个传统意义上完美的展览空间，同时也是艺术策展人可能遭遇的最复杂的噩梦。多年来，人们对这座奇妙的建筑进行了大量的变戏法式的改造，但却徒劳无功。为了确保博物馆内自由穿行的自然光不损害馆内展出的作品，这些徒劳无益的努力可以写出好几篇博士论文。具有讽刺意味的是，下层展厅被设计为光线无法自由进入的空间，作为展览空间，它却显得过于昏暗。

当赖特和密斯分别在纽约和柏林创造出历史上最美丽、最无用的建筑奇迹时，在圣保罗，伟大的建筑师莉娜·博·巴尔迪正在构思南美的现代性建筑。她出生于罗马，曾在米兰工作，后来成为意大利现代建筑的代表人物。在参加了保卫意大利、反对纳粹主义的斗争之后，她与丈夫移民到了巴西。那时候，巴西是世界上最重要的创意温床之一。

1957年至1968年间，博·巴尔迪负责圣保罗艺术博物馆的设计，她将现代主义运动设想的概念和形式与个人创造力相结合：在一条大道上，建筑物由四根巨大的混凝土柱子撑起，展厅就"悬挂"在柱子上，这就形成了一个与车流隔开的空间，同时也是一个可以俯瞰整个城市的制高点。具有象征意义的是，所有的墙壁都是大窗户，将艺术空间与公众联系在一起。建筑师在设计中采用了令人难以置信的大胆构思，即用透明玻璃板来展示绘画作品，使作品仿佛悬浮在空中，没有任何格挡来干扰观赏者的视线。这一切都极具象征意义和美感。但我们已经知道，作为一种预防性的保护措施，任何透明度都是一场灾难。

事实上，博·巴尔迪的这座非凡建筑是现在研究所（The Now Institute）2017年评选出的“20世纪百座最佳建筑”中为数不多的由女性设计的建筑之一，但圣保罗艺术博物馆的窗户几乎总是被遮住，自然光无法如建筑师所愿自由进入，主要展览都在地下室举行，巴西的阳光很难照射到这里。至于革命性的透明支架，它们也不起作用。首先，它们阻碍了作品的视线，因为公众不仅能看到他们面前的画作，还能看到其他所有画作的反光，这就产生了巨大的视觉干扰；其次，展厅里到处都是透明墙壁，导致公众发生意外的情况不在少数，因为人们不容易分辨出是这些玻璃挡住了他们的去路。

这就是前卫设计与功能性相冲突的结果。博·巴尔迪的圣保罗艺术博物馆是一座宏伟的建筑，赖特的古根海姆博物馆和密斯的新国家美术馆也是如此。它们的建筑质量毋庸置疑，并影响了后来成千上万的建筑，但我们不应因此而忽视这样一个事实，即这三座建筑都不是根据艺术博物馆的实际需要而设计的，而是作为建筑宣言和“理想的”展览空间而设计的。

在圣保罗艺术博物馆落成后不到三年，热那亚建筑师伦佐·皮亚诺和佛罗伦萨建筑师理查德·罗杰斯就联合了他们的建筑工作室，罗杰斯的妻子、英国建筑师兼城市规划师苏·罗杰斯也加入其中。他们的聪明才智震撼了巴黎的心脏，这在欧洲大城市中是前所未有的。当然，他们是用博物馆来实现这一目标的，因为博物馆在当时已成为各种大胆的建筑设计最适合的类型。

当时的法国总统乔治·蓬皮杜是一位保守派人士，他一直在寻找一个能让他的灰色形象深入人心的项目，并在此过程中重振莱阿勒区的颓势。竞赛评委会大胆地将这一挑战交到了一群非常年轻的专业人士手中，他们出乎意料地设计出了一座激进主义风格的建筑，该建筑至今仍具有现实意义。我们已经提到过让·普鲁维，据说他是评审团中大胆创新的关键人物之一，普鲁维很可能渴望看到对这个“炼铁厂”的宏大颂歌成为现实。

后来，由于蓬皮杜总统在博堡中心落成前去世，博堡中心改名为乔治·蓬皮杜中心。蓬皮杜中心的视觉效果看起来非常复杂，但设计理念很简单。皮亚诺和罗杰斯所做的主要是颠倒一切：他们将建筑颠倒过来，使每一个连接点、管道、设备和结构本身都清晰可见，建筑的其他部分实际上非常传统。事实上，它作为展览空间的效果比我们目前看到的任何博物馆都要好，因为展览区的设计出奇地简单。从外面可以看到技术设施和供公众通行的楼梯，就好像这座建筑在以某种说教的方式向人们解释它是如何运作的。将近半个世纪过去了，蓬皮杜中心虽然需要对其结构进行一些翻修，但它还是以一种非常有效的方式发挥着作用。而且自落成以来，它对许多空间中“看得见”的技术设施产生了无穷的影响。如果您可以对平时吃早餐的舒适自助餐厅里的空调管道一览无余，那么这在很大程度上要归功于这座建筑的存在。

当然，我们所讨论的所有这些建筑都是建筑师们在建造文化展览空间时的主要选择之一。它们是展示主义的替代方案，具有高度修辞性，旨在产生影响和促进建筑辩论。它们不仅仅是建筑，也是宣言。然而，还有其他的选择，也许不那么华丽，但更接近文化受众所要求的日常功能。

21世纪，文化空间的界限再次变得模糊。古老的博物馆依然存在，但其有效性正日渐受到质疑，无论是在形式上还是在理念上，古老的文化空间已经让位于新空间所代表的文化。从新型的建筑设计中，我们可以看到渗透性和开放性的理念。在这种理念下，古老的文化空间的创造力不再像巴黎蓬皮杜艺术中心那样具有展示性。事实上，近代以来，也许是因为伟大的明星建筑日益饱和，也许是因为有些地方需要更多的创新，现在已经发展出一种非常简单的博物馆建筑。这类博物馆建筑在一定程度上远离了聚光灯，更加注重为参观者提供基本资源，注重保护当地的某些价值。

按照这一思路，沙特女建筑师苏马亚·达巴格于2017年在阿拉伯联合酋长国之一的沙迦设计了一个精妙的考古中心。该中心位于姆莱哈，这是一个非常重要的考古遗址，可追溯到旧石器时代，被联合国教科文组织宣布为世界遗产。与我们在本章中所看到的一切形成鲜明对比的是，这里的建筑几乎消失了，只剩下一些基本的构件，为参观这个位于沙漠中央的珍贵的伊斯兰教遗址提供支持。达巴格利用该地区的历史和景观，建立了一个文化绿洲，成为一个简单的中转站。建筑内部功能性很强，所有装置在这里一览无余，这是蓬皮杜艺术中心留给我们的永久遗产。这个建筑项目并不一定比我们之前讨论过的建筑项目更好，这个考古中心只是满足了其他需求，而且由于不那么夸张，它也有了更大的容错空间。

日本工作室SANAA由杰出的女建筑师妹岛和世与她的合作者西泽立卫组成，我们在本章中看到了与一些革命性建筑并无二致的空间流动性概念，该工作室从这些概念出发，提出了20世纪最激进的展览空间的开放理念，并将其应用到了一个文化和学习空间的建设中：洛桑联邦理工学院校园（瑞士）。虽然它本身并不是一座展览建筑，而是一座教育设施，但我们所看到的现代博物馆中的许多元素都对其产生了影响，而劳力士学习中心的设计也是如此。为了建造这座弯曲起伏、光彩夺目的建筑，设计者在技术上接受了巨大的挑战，因为在这座建筑中，支撑物消失了，整个空间变得轻盈飘逸。但当我们看到最终的建筑效果时，就会忘记建造上的复杂性，因为它非常自然，可以成为一个多功能空间，能够适应任何类型的教育和文化活动。

在过去两个世纪的建筑史上，艺术和文化空间已成为各种建筑设计的理想场所。从最传统的到最激进的，有的将严格的功能性概念付诸实践，有的为了更创新的想法而放弃实用性的宣言。然而，自20世纪末以来，这些类型学的建筑作为理想的建筑空间所占据的霸权地位，遇到了激烈的竞争，那就是我们这个时代真正的全球“宗教”：体育。

Chapter 14

表演建筑：大众宗教的空间

建筑类型学上的一大悖论是，罗马建筑中的剧院和圆形竞技场十分相似。事实上，正如圆形竞技场名称本身所表明的那样，专门用于竞技表演的场所只不过是剧场空间的衍生，这基本上是通过倍增的方式实现的：两个剧场通过舞台连接在一起，成为一个完美的省略号，可以让成千上万的人聚集在一起观看竞技表演。如果没有之前的剧院建筑经验，著名的罗马斗兽场和遍布帝国的数十个仿造的斗兽场是不可能出现的。

在我们今天的观念中，剧院是一回事，足球场又是另一回事，但实际上，如果我们忽略任何可能的阶级主义影响，我们就会发现这两个场所的目的是相同的，唯一的区别是它们能容纳的观众人数。古希腊的剧场已经可以把人们聚集在露天的圣殿和城市中，其方式与体育场大体相同。这两类建筑往往毗邻而建，虽然各自开展的活动性质不同，但其构造逻辑却十分相似。

几个世纪以来，这种联系一直保持着，尽管经历了许多波折。在西方，古典时期至文艺复兴时期，各种活动的表演一般不需要自己的建筑，因为由各种短暂的临时建筑改造的公共大道足以举办各种需要聚集群众的活动。体育锻炼作为一种观赏性活动明显衰退，直到启蒙运动之后，人们开始回归古典理想，体育锻炼才得以恢复。

上一段文字非常简洁，但提出了一些大致的思路，让我们能够理解为什么英国或西班牙黄金时代的戏剧演出会在露天剧场或伦敦剧院举行，这两种类型的建筑实际上非常接近最简单的家庭空间。事实上，只要能容纳下一定数量的人，任何空间都适合举办音乐会或戏剧演出。因此，为音乐会或戏剧演出建造特定的、最优化的建筑似乎并无必要。直到政治势力决定，将提升文化的能见度作为他们宣传战略的一部分时，建造这类建筑似乎才有了必要。

从17世纪起，欧洲各国的宫廷中迅速出现了许多剧场。正如我们在上一章中所看到的，这与大型博物馆的发展历程如出一辙。这种表演建筑越来越受欢迎，人们很快就认为有必要创造一种特殊的建筑类型。这时候，众人的注意力转向了意大利。1618年，乔瓦尼·巴蒂斯塔·阿莱奥蒂在帕尔马建造了法尔内塞剧院[1]，该剧院成为最初的参照物，随后的3个世纪中，其他所有剧院都以该剧院为原型建造。虽然这座

1　法尔内塞剧院位于意大利北部的帕尔马市，之前东西方所有的剧场都是“开敞式舞台”。自法尔内塞剧院始，舞台设计成一个镜框形，周围是墙壁，台口再挂起大幕，这就是经典的“镜框式舞台”。

帕尔马的建筑延续了希腊和罗马剧院的某些特点，但这个剧院超越了它们的模式，并融入了一些至关重要的创新元素，其中包括将舞台前幕作为一种“窗口”来观察舞台或舞台上正在进行的表演，以及将观众安排在一个半圆形的看台上，形成了典型的马蹄形看台布局，这在后来被称为“意大利式剧院”。

在接下来的一个世纪里，歌剧作为一种大众娱乐取得了巨大的成功，模仿意大利模式的舞台建筑甚至在权贵的支持之外也大量出现，因此在欧洲大部分地区诞生了公共和私人剧院，用于各种演出的商业消费，其中歌剧总是最能激起人们的热情。

无论是那不勒斯的圣卡洛剧院还是巴黎的加尼叶歌剧院，歌剧院的舞台类型直到19世纪才发生了很大变化。随着欧洲帝国殖民主义（和文化殖民）在各大洲的传播，歌剧院的类型也以同样的速度传播到世界上几乎每一个国家。这就解释了为什么布宜诺斯艾利斯宏伟的科隆剧院是“意大利式剧院”经典类型的最佳范例。尽管这座文化圣殿的外观极具巴洛克风格，但它却是在一个多世纪前落成的（1908年）。这座剧院是这种欧洲舞台类型学得以保留的典范，它取代了同样遵循意大利模式的早期剧院。

这种形式的剧院建筑得到了显著的巩固，如今在任何西方城市和世界其他许多地方，人们仍然可以欣赏到它的风采。后来电影诞生也再次证明了这些文化场馆的功能性，因为许多剧院都很容易改建成放映厅，将银幕悬挂在幕墙上，而无须进行任何其他重大改建。

这并不意味着意大利式剧院是完美无缺的，而是说相对于它们所提供的优势而言，它们的缺点是可以接受的。观众所处的位置不同，观赏和聆听的质量也不同，有的座位要好得多，有的座位则明显较差，这反过来又导致了不同座位区域的社会划分，这种划分一直保留到今天，完美地诠释了建筑中的阶级划分。

随着时间的推移，舞台模式不断完善，在美国和其他大洲的新建建筑中逐渐变得更加专业化。如果一座礼堂更多是用于音乐消费而非戏剧表演，那么它的音响效果就会得到改善，这座建筑就会被指定为“音乐厅”而非剧院，其形式也会让人联想到著名的维也纳音乐厅，那里是举办传统新年音乐会的地方。

与此同时，第一批现代体育场馆也在慢慢出现。社交聚会的习俗正在兴起，劳工权利的进步和强制性周日休息也是全世界经济意外复苏的关键因素。体育运动流行起来，成了人类社会拥有的最伟大的跨文化元素。

最初，体育运动作为一种消遣的方式是为了娱乐。事实上，从中美洲的球类运动到欧洲的高尔夫球，世界各地的不同文化中早已存在不同的体育运动。但这次的新鲜之处在于，这些消遣活动不仅吸引了参与者，而且还吸引了越来越多、越来越热情的公众。

不管是室内还是室外运动，对运动场地日益增长的需求导致了一千多年来几乎无人问津的建筑模式的复兴：古代的体育场、雄伟的圆形剧场或古代用于大型战车比赛的马戏团场地突然被重新需要——这些场所被用作赛马场和各种体育运动的场地。

然而，体育运动的这一新发展是在工业革命的背景下发生的，而工业革命实际上与游戏和体育活动的普及有很大关系。为了满足这些新型消遣方式日益增长的受众需求，人们开始使用当时的材料建造集会场所。混凝土和金属成为功能性极强的主角，旨在容纳大量人群，而石材的庄严肃穆则被保留给了一些最具代表性的体育场馆，甚至是场馆中最尊贵的区域。这种混合使用方式非常有趣，可能是体育建筑的伟大贡献之一。因为尽管它不是体育建筑独有的，但这种设计在体育场馆中的应用却具有重大意义，如伦敦的旧温布利球场，该体育场建于1923年，于2002年被拆除。

舞台和体育场馆都是为聚集大量人群而设计的建筑，但它们之间存在着重要的差异。首先，也是最明显的一点，就是规模，因为体育建筑的规模往往较大，尽管也有非常小的体育场馆和大面积的舞台空间。但最重要的是，它们的主要区别在于，与传统的礼堂和剧院不同，大多数体育场馆都会把焦点放在建筑的中心，而观众区域分布在建筑中心周围。

芬威球场是世界体育运动的伟大殿堂之一，它是波士顿红袜队的棒球场，于1912年落成。球场位于一个不规则环形看台的中心，看台经过一百多年的发展，在历次改建和扩建中不断叠加。其结果是观众坐席不对称地分布在球场周围，使人感觉比赛仿佛是在任何街区的一个公园里进行的。事实上，体育场的不规则性在历史上一直是一种常态，尤其是棒球场，它让人联想到这项已经成为大众体育运动的起源。

如今，大型体育设施通常都是按照统一的设计建造的，这种设计追求几何上的极大一致性，这与当代体育项目的现代性和复杂性有关。洛杉矶英格尔伍德的索菲体育场就是这一趋势的最新大型实例，它壮观而不失个性，看起来几乎就像一艘从天而降的宇宙飞船，但内部却十分规整，与芬威球场的不对称风格截然不同。为了让所有座位都能更好地观看比赛，体育场馆的规则化被发挥到了极致，慕尼黑的安联竞技场和北京的“鸟巢”也是如此。

但这些例子并不能说明直到不久前体育场馆和其他运动场馆还在普遍使用的常规做法，即体育场馆和其他运动场馆在一开始只设置必要的座位，然后在观众人数增加时才根据需要增加空间。与芬威球场一样，这一增长过程是有组织的，历时数十年。历次翻新都采用了各种新设计和材料。因此，这些建筑都是在建的永久性工程，即总是未完工、不太统一但更具个性的建筑。

如今，这种类型的体育场馆正在逐渐消亡，但仍有许多例子在新时代无情的同质化中幸存下来，如布宜诺斯艾利斯的糖果盒球场，它几乎是被塞进了博卡街区，就像肯莫尔的芬威球场一样；还有英国的曼彻斯特老特拉福德足球场和利物浦的安菲尔德足球场，在这些体育场馆中，人们一眼就能分辨出为完成体育场馆而不断更新的各个部分。

有趣的是，一些最激进的建筑实验发生在冷战期间的德国，它们的构想与我们在体育场馆中看到的建筑的有机增长形式密切相关。

1956年至1963年间，柏林建造了一座由汉斯·夏隆设计的礼堂。这个礼堂当时一定让不止一个古典音乐的纯粹主义者崩溃，而且至今仍会引发争论。这里也是柏林著名的交响乐团所在地，是夏隆为柏林爱乐乐团所做的设计，将舞台置于建筑的中心，并用不同形状和大小的看台将其环绕起来，看上去杂乱无章，就像散落在一个不规则的山谷周围的葡萄园。它看起来像一座芬威球场，但却是古典音乐而非棒球的乐园。

夏隆称他的美学和形式方法为“有机建筑”，但他的大胆并不局限于几何。对于古典音乐礼堂这种通常与奢华联系在一起的建筑类型，这位建筑师使用的材料并不奢华，例如用作栏杆和衣架的金属管、用作墙壁的工业金属板或用作衣柜台面的简单木板。建筑师的出发点是将音乐欣赏放在整个建筑设计的中心位置，这一愿望催生了一个流传至今的神话，即这种反传统的看台布置能最大限度地提高管弦乐队的音质。

爱乐乐团音乐厅的音响效果固然很好，但并不比其他采用更典型布局的建筑更好，也存在听觉误差的问题。但是，这种看似更加混乱和自由的安排却引起了轩然大波，但其在后来的许多礼堂和剧院中被复制，因为这种安排使观众对音乐会有了更大的亲近感和参与感。

几个世纪以来，“意大利式”剧院一直在舞台和音乐建筑中占据主导地位，而夏隆的计划成了这种剧院的第一个可靠的替代方案。但这也是迈向混杂化的第一步，因为它采用了与许多体育场馆非常相似的座位安排。

在爱乐乐团首演十年后，德国建筑师弗赖·奥托和甘特·拜尼施在希腊工程师、计算机应用设计先驱约翰·阿吉里斯的大力协助下，为1972年慕尼黑奥运会准备了体育场建设有史以来最盛大的视觉盛宴之一。由于官方田径跑道的形状和尺寸都不可能更改，因此他们设计的创新重点在于奥林匹克公园不同元素之间的相互关系以及它们的覆盖方式。

从空中俯瞰，效果令人着迷，宛如空间幻境。在体育场馆和其他建筑之间，自然和水道交织在一起，漫步在体育运动区就像置身于花园之中。体育场馆的屋顶看起来就像是从地面上由细胞发展起来的有机体，悬挂着巨大的甲基丙烯酸酯帐篷，既能保护公众，又能透光。奥托和拜尼施与夏隆一样，追求建筑形式的解放和更自然的发展。这些作品属于一个共同的家族，家族成员还包括乌特松的悉尼歌剧院。但如果在此之前，没有设计出柏林爱乐乐团和慕尼黑奥运会场馆等建筑，前几章中我们讨论过的盖瑞的建筑也可能无法实现。

近几十年来，体育建筑正朝着极端标准化的方向发展，以至于慕尼黑奥林匹克体育场在今天看来是不可想象的。如今，与慕尼黑的安联竞技场或洛杉矶的索菲体育场等完全标准化的新体育场馆相比，许多老体育场馆就像古董一样。商业压力往往会导致体育建筑的彻底翻新，尽管这些建筑具有象征意义、情感价值或历史价值，但已不能完全满足当今公众的需求。至于为音乐会或舞台表演而设计的新建筑，情况也没有太大的不同，它们也逃脱不了相当乏味的标准化束缚。

老体育场馆和老剧院一样，只有在其情感和身份价值超过其拆除后获得的利益时才会被保留下来。从某种意义上说，它们是正在被淘汰的类型，因为建筑类型也会过时。因此，在最后一章中，我们将讨论这一类建筑，它们在几个世纪以来一直具有重要性和象征意义，但却被各种技术发展推向了消亡的旋涡。

Chapter 15

灯塔：世界尽头的航标

他记得父亲说过："要下雨了，你们不能去灯塔了。"

——弗吉尼亚·伍尔夫，
《到灯塔去》（1927年）

1989年，一位摄影师在一个短暂的瞬间差点造成一位灯塔看守人死亡。这位摄影师名叫简·吉夏尔，他因拍摄灯塔诗意般的照片而享有一定的声望。灯塔看守人名叫泰奥·马尔戈内，当时的他很害怕，因为他从未见过像那次的圣诞节前那样的暴风雨，尽管他在世界上最危险的灯塔之一——法国韦桑岛上的朱门特灯塔担任看守人。

同年的12月21日，曾在法国海军服役的吉夏尔在法国菲尼斯泰尔省漫游，他想寻找完美的照片，来完成他的灯塔与波涛汹涌的大海摄影集。在他拍摄过的最壮观的风暴中，他搭乘用于报道的直升机前往韦桑岛。俗话说，幸运属于那些追求幸运的人。吉夏尔那天无疑是幸运的：当他靠近朱门特灯塔时，他看到了这座孤零零的灯塔正独自屹立。这座灯塔建于1904年至1924年间，像英雄般立在岩石上。这座灯塔仿佛是海浪的阻断器，因为海浪快与灯塔本身一样高了。吉夏尔没有错过这个机会，他迅速拍下了几张照片，这些照片很快就成了标志性作品。

在残破的灯塔里，摄影师的直升机发出的声音让马尔戈内感到困惑，他以为这是他在可怕的暴风雨来临前请求的救援到了，当时，暴风雨已经打破了灯塔的几扇窗户。在他看来，飞机的旋翼似乎是暴风雨中的救星。他急忙跑到灯塔脚下，打开门迎接急救人员，但那不是他们。就在巨浪将他吞没的前几秒钟，马尔戈内意识到了自己的错误，他急忙跑了回去。那天他也很幸运。

马尔戈内倚靠在几乎被大海吞噬的灯塔门外，望向吉夏尔的直升机，周围是被摄影魔力定格住的滔天巨浪，这短暂的瞬间成了当年的最佳摄影作品之一。这幅作品获得了1991年世界新闻摄影展自然类二等奖，无数的海报都印上了这幅作品，而这幅作品也成为吉夏尔灯塔作品集的点睛之笔。

照片中小小的灯塔看守人则成了一个濒临消亡的职业的象征。虽然吉夏尔的这幅精彩的照片吸引了成千上万的人，但它没有引起法国政府同样的热情，因为它揭示了世界上最危险、最孤独的工作的风险，而这一职业在法国的国有灯塔中依然存在。在这张照片传遍全世界的同时，朱门特灯塔也实现了自动化，以防止照片中的场景重现。马尔戈内和他的搭档简·格伦韦瑟是韦桑岛上最后一批灯塔看守人，他们最终于

1991年7月26日离开了这里。

简·吉夏尔的摄影作品获得成功的原因有很多，但我认为最重要的原因之一是灯塔作为指向文明边界和未开发的荒野的路标，几个世纪以来一直具有象征意义。灯塔以建筑的形式提醒人们，人类在地球上活动的能力是有限的。

灯塔是古代世界七大奇迹之一，人们对它的记忆延续了数个世纪，以至于这种建筑的名字就来源于亚历山大港的那座神话般的建筑。事实上，在地中海和世界其他地区，早就有使用高亮度的陆地信号作为航海者的参考航标的传统，但托勒密一世索泰尔建造的埃及灯塔最大程度地体现了这种沿海地标建筑的重要意义。

在各大洲的传统渔村中，利用最著名的建筑或者岬角、山脉等主要地理特征作为海岸线上的视觉参照点的做法，已经固定成为一种习惯。事实上，在世界各地的许多文化中都有不同的建筑扮演着这一角色，通常是寺庙，它们建在海边，可以作为船只的定向点。古希腊的建筑就是如此，比如苏尼翁角的波塞冬神庙。有证据表明，在千里之外的印度城市马马拉普拉姆，建在海边岩石上的奥拉坎尼斯瓦拉神庙也是一座海上灯塔。欧洲和美洲许多沿海教堂的塔楼也有同样的用途。

除了这种实际上普遍存在的现象之外，将灯塔作为一种特殊的建筑来实现这种传递信号的目的，证明了当时人们对航海艺术的精通，同时也标志着某种政治力量的扩张，以及保护某些海上贸易路线的意愿。事实上，灯塔与跨洋航行同时遍布全球，而跨洋航行总是与欧洲殖民国家的崛起息息相关。

从18世纪起，西方海洋帝国在他们进行贸易的世界各大洋的海岸线上建造了大量的灯塔，尽管如今这些建筑几乎成为殖民时代的考古遗迹。这就解释了为什么新喀里多尼亚的阿梅代小岛虽然位于太平洋中部，却拥有世界上最高的灯塔之一。这座白色的铁塔高50多米，于1865年落成，这个灯塔是在巴黎郊区铸造的，1864年才在法国首都完成建造。它被分拆成不同部分并运至高卢帝国的边界，这是拿破仑三世权力的象征，之后在庆祝欧仁妮·德·蒙提荷皇后生日时投入使用。这座灯塔是工业革命时期建筑进步的生动例证，也是巴黎工业力量的展示。如今，这座灯塔已成为旅游景点，参观阿梅代小岛的人寥寥无几，但他们可能会好奇，在这样一个小岛上怎么会有这样一座建筑。

但是，欧洲人对海洋建筑标识的热情并不是19世纪列强的发明，罗马帝国早在许多世纪之前就已经在其征服的领土边界这样做了。

公元1世纪，一位名叫盖要·塞维奥·卢波的葡萄牙建筑师（他的原籍是阿曼尼姆，一个位于现今葡萄牙科英布拉市境内的罗马小镇），接受了一项重大的任务。他要在伊比利亚半岛西北角、大西洋的巨石上建造一座类似亚历山大灯塔的信号塔。但是，作为古代世界七大奇迹之一的亚历山大灯塔建在地中海最重要的城市旁边，那里方便聚集人力和物力来建造灯塔，而这座罗马灯塔却要建在大西洋海岸一个偏僻的岩石岬角上，这里几乎荒无人烟。

这个曾经荒芜的地方，就是我的家乡拉科鲁尼亚。罗马帝国在其领土的一角建造的这座建筑，自2009年起被列入联合国教科文组织《世界遗产名录》，被人们称为埃库莱斯塔[1]。如果我们考虑到近2000年前在一个荒凉的半岛上建造这样一座巨石建筑所付出的巨大的后勤努力，那么将这座建筑归功于这位古典宗教的伟大英雄也就顺理成章了。

时至今日，这座塔仍是现存最高的罗马式建筑之一。因此，几个世纪以来，人们对这座塔的各类想象也就不足为奇了。它高大的轮廓被各种传说所装饰，从将它与朱庇特[2]之子联系在一起的故事，到把它与布雷甘联系在一起的大西洋传说。布雷甘是今天加利西亚领土上神话中的国王，根据传说，他的后代建立了

1 该塔又称为赫拉克勒斯塔，赫拉克勒斯是古希腊神话中的大力神，是一位半人半神的英雄。

2 朱庇特是古罗马神话中的众神之王，与古希腊神话中的宙斯对应，西方天文学对木星的称呼以其命名。

爱尔兰。

这座令人惊叹的古迹的真正起源尚不确定，因此，围绕它的神话传说是在几乎没有任何文献证据的情况下发展起来的。这座罗马塔可能是在尼禄和韦斯巴芗王朝之间的某个时期进行的对早期建筑的改建。人们推测的建筑师——盖要·塞维奥·卢波的名字被刻在附近的岩石上，这一事实几个世纪以来一直吸引着人们的注意，仿佛它就是这项大胆工程的建筑师的签名。事实上，这是现存最早的欧洲建筑师名字之一。不过，这个碑文实际上可能并不是指这座灯塔，而是指附近的另一座未保存下来的建筑。

就连这座灯塔本身的运行也笼罩在未知之中。灯塔是否每晚都能点亮？灯笼的燃料从何而来？灯笼是如何升到楼顶的？在气候如此恶劣的海岸上，灯笼是如何点燃的？这些问题的大部分答案以及由此引申出的许多结论都是推测性的，但它们都表明了一个事实，即这座建筑不仅在建造过程中，而且在其运行阶段都拥有卓越的后勤保障。

无论如何，在一个远离任何一座大城市的地方建造罗马时期的“摩天大楼”，只能从帝国加强了海洋的文明化这个角度去理解，至少在象征意义上是如此。这可以在这座加利西亚灯塔与新喀里多尼亚的阿梅代岛上的钢铁巨物之间建立起穿越世纪的联系。

阿尔塔布罗湾是通往欧洲大西洋最重要的天然良

港的必经之路，埃库莱斯灯塔所处的岬角就在这里。因此，这座巨大的灯塔可以向船只表明，避难所近在咫尺。值得记住的是，罗马人并不热衷于地中海以外的航行，所以在加利西亚这样危险的水域建造这座巨型灯塔，是完全合理的。

这座灯塔的建造难度并不小，因为它采用的是罗马传统常用技术：高拱门。它有三层，使这座灯塔在崎岖的加利西亚海岸获得了尽可能高的高度，同时也为其提供了必要的坚固性，使其在这样一块岌岌可危的飞地上得以存在了近2000年。

几个世纪以来，在这座地标性建筑旁边发展起来的城市，在地图上都会以这座灯塔为标志。这证明了它是一座独一无二的建筑，同时也是塔楼如何成为识别标志的早期范例，正如我们在讨论巴黎埃菲尔铁塔和亚历山大塔时所说的那样。

罗马帝国的强盛没有给我们留下其他如此规模的灯塔，这也凸显了这座建筑的特殊性。类似的设施也有遗存，但要小得多，例如多佛港保留下来的两座灯塔。这座位于拉科鲁尼亚的灯塔的独特性还体现在它后来的历史上。中世纪时期，当人们放弃了它作为灯塔的功能后，它就成了保卫加利西亚海岸的一座令人垂涎的防御瞭望塔。

17世纪末，有人提议修复这座塔，并将其恢复为海上的信号塔，这次是为西班牙帝国服务，因为这样一座非凡的建筑不能浪费。但是，直到1789年，来自埃斯特雷马杜拉的工程师、后来担任巴拉圭临时总督的尤斯塔奎奥·贾尼尼才开始改造它，为它修建新古典主义风格的内部空间，自此保护了这座建筑的罗马式内核，使其能够作为世界上最古老的灯塔继续发挥作用。

无论是作为象征性的空间路标，比如有着不幸回忆的南非罗本岛灯塔；还是作为全球重要港口的入口，比如热那亚人引以为傲的文艺复兴时期的灯笼塔，灯塔都是历史上最特殊的建筑类型之一，同时也是最具象征意义的建筑类型之一。在卫星引导全球定位的时代，这些建筑可以唤起人们记忆的力量正在逐渐减弱，但它们作为生活在海洋上的男男女女曾经描绘的千年航线的一部分，其文物价值却在不断增加。

后记

凡尔赛宫之外

如果您已经看到这里，根据我们在书中所讨论过的，您不妨重新审视一下以前对凡尔赛宫和建筑史上其他伟大古迹的看法，这将是一件非常有趣的事情。

我们回顾了历史上一些重要的建筑类型，但也遗漏了很多之后您可以自行探索的建筑。从专门用于运输的建筑（如今这些建筑已成为许多国家的战略中心），以机场为主，到在建筑发展中非常重要的类型，如医院、学校和办公楼。

即使是监狱这种远离公众视线并藏匿于无人能见之处的建筑形式，作为一种建筑类型学也有其自身的发展。自18世纪以来，伦敦哲学家杰里米·边沁为监狱设计的“全视系统”，成了奥威尔式“老大哥”的最佳实物化身，只是在过去的50年中逐渐被废除，并被更人性化的模式所取代。

建筑远不只是追求美丽、引人注目或令人难忘的，尽管正如我们所看到的，这些有时是许多建筑师的主要目标。纵观历史，建筑实践产生了适合各种品位的倾向、理论和假设，对其进行批判性分析后，我们可以对不同的社会有一个很好的了解，并对不同文化的需求和价值观做出准确的判断。

自人类起源以来，人类就将建筑作为居住的空间。在不同群体之间形成的无数文化差异的热浪中，诞生和发展了种类繁多的建筑类型。建筑的目的是保护我们免受恶劣气候的影响，并提供适合我们活动的空间。人类的一举一动都反映在建筑中，这不仅取决于每个地方的传统，也取决于各个建筑类型的历史和演变过程，正如我们在本书中所看到的那样。

与艺术一样，建筑也是时代和空间的产物。因此，如果我们考虑到当今人类拥有最强大、最多样化的建筑工具，那么将自己局限于重复过去所推崇的模式、建造断章取义的混合体，或者投身于路德维希二世或威廉·伦道夫·赫斯特等人所培养的不符合时代潮流的怀旧情绪，都是非常难以理解的。

在慕尼黑，弗赖·奥托和甘特·拜尼施将一座奥林匹克体育场变成了最激动人心的现代建筑实验之一。2014年，同样出生于慕尼黑的德国著名时装设计师菲利浦·普莱因在贝莱尔购买了一块土地，这块土地的前主人是霍华德·休斯。从那时起，普莱因就致力于把这块昂贵的土地改造成加利福尼亚版凡尔赛宫的复制品，包括仿造小特里亚农宫作为客房。可以说是巴伐利亚任性的君主模仿凡尔赛宫为自己建造的海伦基姆湖宫的现代版。

当然，每个人都会把钱花在自己想花的地方，普莱因本人也宣称，这个夸张的家甚至拥有自己的社交媒体账户，用来宣传他昂贵的作品。对他来说，这也许就是儿时梦想的实现。

但与此同时，令人不解的是，数百万人认为这种新巴洛克式的模仿，将完全不合时宜的石柱廊与巨大的魔神Z雕塑[1]混合在一起，可能是当代优秀建筑的唯一代表。尽管这样的建筑模型很可能会让主人满意，并在形式上与过去的一些著名建筑有几分相似，但它肯定远非优质建筑，更谈不上是本世纪的代表性建筑。

关于建筑的讨论是最有必要进行的公共讨论之一，尽管这种说法与建筑在社会中较低的可见度形成了鲜明对比。我们不仅受到我们生活和工作的建筑结构的极大影响，而且在不远的将来，还会受到公共建筑美学的极大影响，这是近年来非常热门的一个话题。

2020年，时任美国总统的唐纳德·特朗普提出了一个在民主国家闻所未闻的建议，从而成了新闻人物。他主张对本国联邦建筑中的现代建筑实行否决，通过一项行政命令，规定新的公共建筑必须采用更符

1 《魔神Z》为日本漫画家永井豪与东映动画所共同企划而成的“魔神系列”第一作，同时也是剧中主角所驾驶的巨大机器人的名称。

合传统美学的历史主义风格。他认为当前的建筑是有害的。正如我们已经看到的，密斯·凡德罗在他的杰作范斯沃斯宅受到某些媒体批评时，就已经使用了此类言辞。

特朗普的这一举动虽然没有取得任何成果，但却使建筑实践失去了自由，使国家建筑的概念更像路易十四和我们在本书中看到的其他过去的例子。在实践中，这意味着美国的公共建筑采用了一种既昂贵又不太实用的风格。这种建筑风格也许用在菲利浦·普莱因自己家里没有任何问题，但如果作为一项政策来实施，任何国家的公共财政都很难负担得起。

凡尔赛宫一次又一次地成为计量单位，同时也成为欺骗的工具。

我们并没有生活在太阳王时代，我很怀疑那些怀念法国巴洛克式宫殿的人是否真正了解这些建筑，以及建造和维护这些建筑的社会内涵。正因为如此，我们才有必要打破不合时宜的遐想。过去建造的遗产是宝贵的，应该以最好的状态为未来保存，因为它是历史的记录，但作为现在的参考是没有意义的，因为现在有比豪华或炫耀更紧迫的建筑需求。

杰里米·边沁认为，最完美的监狱就是任何囚犯在任何时候都感觉暴露在狱卒的监视之下。事实上，囚犯是否每时每刻都处于监视之下并不重要，但是，对他行使的镇压权力是建立在他感到日夜被监视的基础上的。这种不人道的监狱模式在那个时代是典型的，如今大多受到指责。不过，这种模式却在世界各地的监狱中都得到了应用，其中一些监狱至今仍在使用。一些监狱则在不久前被清空，虽然其建筑仍矗立在许多城市的中心。

建筑行为是有后果的。

因此，我们必须学会管理它，并尽可能了解其最基本的准则。掌握了这些知识，我们就能更多地欣赏每个时代的建筑遗产，我们就能更严谨、更准确地理解人类社会赋予建筑的不同用途，我们就能更好地理解不同的文化。但是，我们也会看到光鲜亮丽的外表和优雅形式之外的东西，我们也会体会到在对巴洛克宫殿和它们诞生的时代不加批判的怀旧情绪背后往往隐藏着什么。

凡尔赛宫是巴洛克时代宫殿建筑和政治思想的典范。不过，除非您生活在17世纪，并致力于捍卫自己复杂的王朝利益，否则建筑的意义远不止于此。

致谢

一座建筑是由许多支柱支撑起来的。书也是如此。

本书的第一篇献词要献给四位朋友，是他们在一个寒冷的早晨，在没有暖气的熊猫汽车里，陪伴我踏上了建筑史和巴洛克的启蒙之旅。谢谢你，阿尔韦托，喝下了我无法下咽的咖啡。谢谢你，英玛，感谢你在这次奇怪的探险中的明智之举。当然，还要感谢纳乔和哈维尔，感谢我们在那个早晨和其他数百个早晨分享的一切。我不记得是谁选择了索布拉多作为我们的工作地点，但是从后来的情况来看，这是个伟大的选择。

在此，我想感谢那些与我一起工作过的各式各样的人，我和他们共同度过人生中的一段关键时期，对我而言，这段时期是复杂的。他们是：丹尼尔、西拉、保拉、玛丽亚·何塞、萨拉、瓦内萨、奥雷、西尔维娅、奥斯卡、阿尔瓦、杰西卡、劳拉、博尔哈、迭戈、安德烈斯、米利亚姆、阿方索和佩德罗，等等。我肯定漏掉了一些人的名字，但对于他们，我同样拥有友爱和回忆。

在我第一本书的致谢词中，我缅怀了帮助我成为现在的自己的老师们。你永远不知道会不会有第二本书。但在这本书里，就像在以后可能出现的其他书里一样，我想表达我对那些帮助我保持好奇心、培养我对知识的热爱的人的感激之情，并让我钦佩世界上最美丽的职业：教师。

我曾在建筑师手下工作，与建筑师并肩作战，这是我难得的荣幸。更难得的是，作为一名艺术史学家，我还曾指导过建筑专业人员的研究项目，甚至还教过一名技术建筑师。我从所有这些交流中学到了很多东西，并因此丰富了自己作为建筑历史学家的身份。我希望这些丰富的经历和我所进行的许多对话能在本书中有所体现。我还要特别感谢何塞·曼努埃尔·亚涅斯、安东尼奥·德·维加、圣地亚哥·韦尔塔、安东尼奥·马罗尼奥和安东尼奥·阿尔瓦雷斯·奥索里奥。

与第一本书一样，这第二本书也是在我参与西班牙国家电视台2号台的电视节目“El Condensador de Fluzo”的同时构思和撰写的。能够在公共电视台传播历史学的最新研究是我的荣幸，我将尽力履行这一职责。但最重要的是，我很荣幸能与这样一个非凡的团队共事，团队成员众多，但我要感谢三位伟大的先生：艾托尔·古铁雷斯、赫苏斯·曼斯博和安东尼奥·卡韦略，以及我亲爱的队长玛尔塔·曼佐罗，她总是以慷慨和专业的精神，让困难变得简单。

我不会忘记我的电视节目伙伴们，他们因电视走进了我的生活。我在传播部的同事们，我欠他们太多了。谢谢你们，萨拉、内斯托尔、玛尔加、拉伊娅、马门、哈维尔、伊格纳西奥、玛丽亚·赫苏斯、伊萨克、胡安杰、大卫，等等。如果说玛尔塔是这家不同寻常的公司的船长，那么我要向我们的海军上将拉克尔·马尔托斯表达我所有的爱意和深深的敬佩。我能说的关于她的所有好话都不足以表达我对她的敬意，所以我只能说，我希望有一天能拥有她一半的品位和四分之一的才华。

感谢基科·诺沃亚、克里斯蒂娜·加西亚和所有加利西亚人的支持。有一天，你们相信这个艺术迷（我）有一些关于建筑的趣事要分享，而且值得在加利西亚公共电台上分享。在这里，您又有了一本值得花钱购买的书。

感谢“Julia en la Onda”这档电视节目，如果几年前你告诉我，有一天我会有幸每周与朱莉娅·奥特罗大师就艺术和建筑遗产进行现场交流，并面向整个西班牙播出，我会觉得这是个笑话，谢谢朱莉娅的信任。我还要感谢玛丽卡门·胡安、贝格娜·德·普埃约、琼·金塔尼利亚、玛丽娜·马丁内斯·维森斯、阿内马·莱昂、戈尤·贝尼特斯、胡安玛·罗梅罗、吉莱姆·萨拉戈萨、克拉拉·希门尼斯·克鲁斯、胡里奥·蒙特斯、胡里奥·莱昂纳特，感谢我有幸与之合作的所有团队，感谢聆听我们谈话的人们。

感谢企鹅兰登，尤其是我的出版商贡萨洛·埃尔特施，感谢他邀请我写书这一奇妙的疯狂想法，以及现在又一次的疯狂。感谢你们的信任。

感谢丹·甘博亚发现中国土楼和他的创造力，感谢佩德罗·托里霍斯的创新精神和才能。感谢法蒂玛·加西亚·多瓦尔的合作。感谢保拉·托伊米尔和米雷娅·巴里奥的陪伴。感谢朱迪特·维加、安东尼奥·吉拉尔多和大卫·加西亚·阿森霍的朗读和慷慨建议。

我非常感谢所有追随我进行数字探险的人，没有他们，这本书可能就不会存在。作为独生子，我拥有了一个大家庭，这要感谢通过网络认识我的人们：斯普利、埃莱娜、诺伊、卢、哈比、佩德罗、贝尔塔、费尔南多一家、杰拉尔多、何塞、华金、阿诺尔菲尼勋爵和夫人、亚伯拉罕、豪尔赫、纳乔、凯文、凯伦、曼努埃尔、阿莱格拉、丹尼尔、安东尼奥、埃格丽亚、莫妮卡、维罗、奥斯卡、洛佩斯、马里索尔、西梅纳、尼凯等，我希望这份名单永远不会停止增长。

我还有两个非同寻常的朋友，一远一近，幸运的是，他们还没有受不了我（目前还没有）：路易斯·帕斯托尔和肖恩·埃斯库德罗。我希望他们喜欢这本书，希望我们能无数次地讨论这本书。

我也希望我的另一对父母：安东尼奥和玛尔加，

至少会像喜欢第一本书一样也喜欢这本书。在我想拥抱的名单上，永远不能缺少自己选择的家人：朱莉娅、奈莉娅、玛尔塔、努丽亚、奥斯卡、泰蒂、豪尔赫、卡图莎、西尔维娅、阿德里安、安东、切奇诺、奥拉伊亚、里克、任、诺埃莉亚、赫克托、丹尼尔、安杰莉卡、曼努埃尔、奥斯卡、玛丽亚和亚历克斯。

这本书还带来了一段回忆。那就是我的祖母玛丽亚和她的儿子米格尔。我的父亲曾夸口说他出生在世界上最古老的，且还在运行的罗马灯塔旁边，并常在灯塔脚下玩耍。他以修理和建造东西为生，据我所知，他在这方面真的很在行。我童年最美好的回忆之一，就是看着他工作。他的父亲弗朗西斯科是个砌砖工，我从未见过他，所以我对建筑的兴趣也许是写在基因里的。也可能是去我祖母家做客的缘故，祖母家就在埃库莱斯灯塔的对面，如今已成为世界文化遗产，我父亲小时候就在那里玩耍，你手中的这本书也是在那里结束的。因此，这些书页也包含了对他的怀念，以及对我的家人的一个大大的拥抱。

五位伟大的女性在不同时期发挥了重要作用，帮助我写出了两本书。没有她们，这个项目就不会存在，甚至连草稿都不会有。为此，我们理应向她们致以最诚挚的谢意。

我钦佩的特尔不仅让我有幸在“专注艺术”课程中与她并肩作战，而且她作为传播者的才华也在本书的写作过程中给了我很大的启发。希望您喜欢这本书，并能经常阅读。

我亲爱的朋友埃斯皮多来自一个用钛金属建造出了让世界惊叹的建筑的地方，也就是西班牙毕尔巴鄂。但她的慷慨一直让我很惊讶，这对这个项目的发展至关重要。

当我第一次参观纪念碑时，我的外祖母芙罗拉牵着我的手。我多希望她能读到这本书，书中有她的点点滴滴。我想她会感到骄傲的，至少在我的记忆中是这样的。

我的母亲恩卡妮给我买了人生中第一批关于建筑的书，书中有大量的插图和照片，对于像她这样经济并不宽裕的人来说，这些书可谓是煞费苦心。直到如今我母亲仍然保存着这些书，现在，她可以把我写的这本书放在它们旁边。也许，她会觉得这一切都是值得的。

在所有的感谢中，最重要的是阿德里亚娜，我不仅与她分享了我的生活，还一起发现了这本书中出现过的许多地方，以及我们将要探索的许多其他地方。我希望阅读这些文字能够补偿我被偷走的时间。如果不是和她在一起，我不想做任何事情。

最后要感谢的是你们，是你们将我的文字捧在手中，我希望这些文字对你们有用。

谢谢。

★ ÁBALOS, Iñaki, *Palacios comunales atemporales: genealogía y anatomía*, Puente, Barcelona, 2020.
★ ACKERMAN, James S., *La villa. Forma e ideología de las casas de campo*, Akal, Madrid, 2006.
★ ANTHONY, Kathryn H., *Designing for Diversity: Gender, Race,and Ethnicity in the Architectural Profession*, University of Illinois Press, Chicago, 2001.
★ AZARA, Pedro, *Cuando los arquitectos eran dioses*, Catarata, Madrid, 2015.
★ BEARD, Mary, y John Henderson, *El arte clásico, de Grecia a Roma*, La Esfera de los Libros, Madrid, 2022.
★ BELLO DIÉGUEZ, José María, *La Coruña romana y altomedieval*, Via Láctea, A Coruña, 1994.
★ BELTRAMINI, Guido, y Howard Burns (eds.), *Palladio*, Fundación La Caixa / Turner, Barcelona, 2008.
★ BERGDOLL, Barry, *European Architecture* 1750-1890, Oxford University Press, Oxford, 2000.
★ BLASCO ESQUIVIAS, Beatriz (dir.), *La casa. Evolución del espacio doméstico en España*, Ediciones El Viso, Madrid, 2006.
★ BLUNT, Anthony, *Arte y arquitectura en Francia*, 1500-1700, Cátedra, Madrid, 1998.
★ BRUIT ZAIDMAN, Louise y Pauline Schmitt Pantel, *La religión griega en la polis de la época clásica*, Akal, Madrid, 2022.
★ BUSAGLI, Marco, *Italian Renaissance Architecture*, Könemann,París, 2018.
★ CAPITEL, Antón, *La arquitectura compuesta por partes*, Gustavo Gili, Barcelona, 2009.
★ CASTEX, Jean, *Renaissance, baroque et classicisme. Histoire de l' ar chitecture*, 1420-1720, Hazan, París, 1990.
★ CHING, Francis D. K., *Diccionario visual de arquitectura*,

Gustavo Gili, Barcelona, 2013.
★ COHEN, Jean-Louis, *Le Corbusier. An Atlas of Modern Landscapes*, Thames & Hudson, Londres, 2013.
★ COLE, Emily (ed.), *La gramática de la arquitectura*, Akal, Madrid, 2013.
★ COLQUHOUN, Alan, *Modern Architecture*, Oxford University Press, Oxford, 2002.
★ CONTE, Roberto, y Stefano Perego, *Soviet Asia: Soviet Modernist Architecture in Central Asia*, Fuel, Londres, 2019.
★ CURTIS, William J. R., *La arquitectura moderna, desde 1900*, Phaidon, Londres-Nueva York, 2006.
★ DE LA PLAZA ESCUDERO, Lorenzo (coord.), *Diccionario visual de términos arquitectónicos*, Cátedra, Madrid, 2008.
★ —, *Guía visual de la arquitectura en el mundo antiguo*, Cátedra, Madrid, 2020.
★ DÍEZ JORGE, M.ª Elena (ed.), *Arquitectura y mujeres en la historia*, Síntesis, Madrid, 2015.
★ ESPEGEL, Carmen, *Heroínas del espacio. Mujeres arquitectos en el Movimiento Moderno*, Nobuko, Buenos Aires, 2007.
★ FABRE, Gladys, y Doris Wintgens Hötte (eds.), *Van Doesburg and the International Avant-Garde. Constructing a New World*, Tate Publishing, Londres, 2009.
★ FANELLI, Giovanni, y Michele Fanelli, *La Cupola del Brunelleschi.Storia e futuro di una grande struttura*, Mandragora, Florencia, 2004.
★ FIELL, Charlotte, y Clementine Fiell, *Women in Design. From Aino Aalto to Eva Zeisel*, Laurence King, Londres, 2019.
★ FRAMPTON, Kenneth, *Modern architecture*, Thames & Hudson, Londres, 2020.
★ FREIRE, Espido, *La historia de la mujer en 100 objetos*, La Esfera de los Libros, Madrid, 2023.
★ GERREWEY, Christophe van, *Elegir arquitectura. Crítica, historia y teoría desde el siglo xix*, Puente, Barcelona, 2022.
★ GONZÁLEZ MACÍAS, José Luis, *Breve atlas de los faros del fin del mundo*, Ediciones Menguantes, León, 2020.

★ GUYER, Paul, *A Philosopher looks at Architecture*, Cambridge University Press, Cambridge, 2021.

★ HALL, Jane, *Woman Made. Great Women Designers*, Phaidon, Londres-Nueva York, 2021.

★ HATHERLEY, Owen, *Paisajes del comunismo*, Capitán Swing, Madrid, 2022.

★ HEYDENREICH, Ludwig H., y Wolfgang Lotz, *Arquitectura en Italia, 1400-1600*, Cátedra, Madrid, 2007.

★ HODGE, Susie, *The Short Story of Architecture*, Laurence King, Londres, 2019.

★ HONOUR, Hugh, y John Fleming, *A World History of Art*, Laurence King, Londres, 2009.

★ HOPKINS, Owen, *Architectural Styles. A Visual Guide*, Laurence King, Londres, 2014.

★ JONES, Denna (ed.), *Architecture: The Whole Story*, Prestel Publishing, Nueva York, 2014.

★ KING, Ross, *Brunelleschi' s Dome. The Story of the great Cathedral in Florence*, Vintage, Londres, 2008.

★ KRAUTHEIMER, Richard, *Arquitectura paleocristiana y bizantina*, Cátedra, Madrid, 1996.

★ LEICK, Gwendolyn, *Tombs of the Great Leaders. A Contemporary Guide*, Reaktion Books, Londres, 2013.

★ LEWIS, Anna M., *Women of Steel and Stone*, Chicago Review Press, Chicago, 2017.

★ LOPE DE TOLEDO, Luis, *Arquitectura de andar por casa*, Temas de Hoy, Barcelona, 2022.

★ LYONNET DU MOUTIER, Michel, *L' aventure de la Tour Eiffel. Réalisation et financement*, Sorbonne, París, 2009.

★ MARK, Robert (ed.), *Técnica arquitectónica hasta la Revolución Científica. Arte y estructura de las grandes construcciones*, Akal, Madrid, 2002.

★ MONTANER, Josep Maria, *La condición contemporánea de la arquitectura*, Gustavo Gili, Barcelona, 2015.

★ MOIX, Llàtzer, *Palabra de Pritzker*, Anagrama, Barcelona, 2022.

★ MORRISSEY, Jake, *The Genuis in the Design, Bernini, Borromini and the Rivalry that transformed Rome*, HarperCollins, Nueva York, 2006.

★ MÜLLER, Werner, y Gunther Vogel, *Atlas de arquitectura, 1. Generalidades. De Mesopotamia a Bizancio*, Alianza, Madrid, 1997.

★ —, *Atlas de arquitectura, 2. Del románico a la actualidad*, Alianza, Madrid, 1997.

★ NAVARRO, Víctor, *Una casa fuera de sí*, Caniche, Bilbao, 2022.

★ NIETO, Víctor, Alfredo J. Morales y Fernando Checa, *Arquitectura del Renacimiento en España, 1488-1599*, Cátedra, Madrid, 2009.

★ PAOLETTI, John, y Gary Radke, *El arte en la Italia del Renacimiento*, Akal, Madrid, 2002.

★ PEVSNER, Nikolaus, *A History of Building Types*, Princeton University Press, Nueva Jersey, 1997.

★ —, *Los orígenes de la arquitectura y el diseño modernos*, Destino,Barcelona, 1992.

★ PESANDO, Fabrizio, y Maria Paola Guidobaldi, *Pompei, Oplontis, Ercolano, Stabiae*, Laterza, Roma-Bari, 2018.

★ PRIETO, Eduardo, *Historia medioambiental de la arquitectura*, Cátedra, Madrid, 2019.

★ PRINA, Francesca, *Saber ver la arquitectura*, Electa, Barcelona, 2009.

★ ROTH, Leland M., *Entender la arquitectura; sus elementos, historia y significado*, Gustavo Gili, Barcelona, 2007.

★ RYBCZYNSKI, Witold, *La casa. Historia de una idea*, Nerea, Donostia, 2006.

★ —, *The Most Beautiful House in the World*, Penguin, Londres, 1990.

★ —, *The Story of Architecture*, Yale University Press, New Haven & Londres, 2022.

★ SCARRE, Chris, *Las setenta maravillas del mundo antiguo*, Blume, Barcelona, 2001.

★ SCHWITALLA, Ursula (ed.), *Women in architecture. Past, presentand future*, Hatje Cantz, Berlín, 2021.

★ SCOTT BROWN, Denise, Robert Venturi y Steven Izenour, *Aprendiendo de Las Vegas. El simbolismo olvidado de la forma arquitectónica*, Gustavo Gili, Barcelona, 2015.
★ SIMSON, Otto von, *La catedral gótica*, Madrid, Alianza, 1995.
★ SUMMERSON, John, *El lenguaje clásico de la arquitectura*, Gustavo Gili, Barcelona, 2017.
★ THE NOW INSTITUTE, *100 edificios del siglo xx*, Gustavo Gili, Barcelona, 2019.
★ TORRES, Daniel, *La casa. Crónica de una conquista*, Norma Editorial, Barcelona, 2017.
★ TORRIJOS, Pedro, *Territorios improbables*, Kailas, Madrid, 2021.
★ UPTON, Dell, *Architecture in the United States*, Oxford University Press, Oxford, 1998.
★ VENTURI, Robert, *Complejidad y contradicción en la arquitectura*, Gustavo Gili, Barcelona, 2008.
★ WITTKOWER, Rudolf, *Arte y arquitectura en Italia, 1600-1750*,Cátedra, Madrid, 1999.
★ ZEVI, Bruno, *Saber ver la arquitectura*, Apóstrofe, Barcelona, 1998.

在线资源

★ 埃菲尔铁塔的建造历史和建筑师信息可在埃菲尔铁塔的官方网站的历史部分找到，网址为 <https://www.tour eiffel.paris/fr> [查询日期：2023年1月6日]。关于佛罗伦萨大教堂圆顶建造过程的一些信息，可以在大教堂主教座堂的官方网站上找到，网址为<https://duomo.firenze.it/it/home> [查询日期：2023年2月4日]。

★ 与普利兹克奖有关的许多数据，包括颁奖仪式的细节和罗伯特·文丘里的获奖感言内容，都可以在普利兹克奖的官网上找到，网址为 <https://www.pritzkerprize.com/> [查询日期：2023年2月11日]。

★ 报纸上关于世界二十大最美建筑的文章是朱丽叶塔·弗莱雷为 *Elle Decor España* 杂志撰写的，网址为<https://www.elledecor.com/es/arquitectura/g41302111/edificios-clasicos-mas-bonitos-mundo/> [查询日期：2023年1月12日]。

★ 有关美丽建筑的其余的文章可从<https://www.cuddlynest.com/blog/most-beautiful-building-architecture/>查询，以及<https://www.en-joytravel.com/au/travel-news/guides/50-most-beautiful-building-dings-world> [查询日期：2023年1月15日]。

★ GEO杂志法文版上关于科学评选出的最美建筑的文章由克洛伊·古德坚撰写，网址<https://www.geo.fr/voyage/le-top-20-des-plus-beaux-monuments-du-monde-selon-la-science-204152> [查询日期：2023年1月14日]。本章提到的谷歌搜索是在2022年12月的不同时间进行的。

★ "金字塔"（pirámide）一词查询于西班牙皇家学院辞典<https://dle.rae.es/pir%C3%A1mide> [查询日期：2023年1月14日]，"居所"（hogar）一词查询于西班牙皇家学院辞典<https://dle.rae.es/hogar> [查询日期：2023年3月24日]。

★ 弗兰克·劳埃德·赖特基金会承认玛里恩·马霍尼作品的重要性，认为她是赖特许多标志性图纸的作者，这一点在该机构官方网站上专门介绍玛里恩·马霍尼的文章有所体现。<https://franklloydwright.org/a-powerful-brand-marion-mahony>[查询日期：2023年2

月19日]。关于RebelArchitette网站的查询网址为<http://www.rebelarchitette.it>[查询日期：2023年2月20日]。关于丹尼斯·斯科特·布朗以及她在职业生涯中遭受的性别歧视的一些事实，摘自奥利弗·温莱特的文章《被冷落、被欺骗、被抹杀：建筑界隐形女性的丑闻》，发表于2018年10月16日的《卫报》，可从以下网址获取<https://www.theguardian.com/artanddesign/2018/oct/16/the-scandal-of-architecture-invisible-women-denise-scott-brown>[查询日期：2022年11月29日]。

★ 建筑师帕特里夏·安·温莱特与其他五位男建筑师一起拍摄BBC纪录片时被删除照片的故事摘自凡妮莎·柯克题为《为什么帕特里夏·霍普金斯在这张合照中被PS掉了？》的文章，发表于ArchDaily，网址为<https://www.archdaily.com/483716/why-was-patty-hopkins-photoshopped-out-of-this-image>[查询日期：2023年2月21日]。

★ 2022年9月22日，佩德罗·托里霍斯在推特上发表了一篇文章，讲述了范斯沃斯宅的冲突，该文章检索自<https://twitter.com/Pedro_Torrijos/status/1573009928331329536?s=20>[查询日期：2023年1月2日]。

★ 贝尼尼在巴黎失败的部分故事摘自网站Cipripedia，网址为<https://cipripedia.com/2016/02/26/el-fracaso-de- bernini-y-su-eco-en-madrid/>[查询日期：2022年10月30日]。

★ 关于亚西尔·阿拉法特陵墓落成典礼的新闻来自网站<https://elpais.com/internacional/2007/11/10/actualidad/1194649212_850215.html>[查询日期：2023年2月28日]。有关该陵墓的一些补充信息摘自“贾法尔·图坎设计的亚西尔·阿拉法特的陵墓”一文，作者为塞尔吉奥·本德雷利·费利奇，可从以下网址查询：<https://arquitecturayempresa.es/noticia/el-mausoleo-de-yasser-arafat-by-jafar-tukan>[查询日期：2023年3月1日]。

★ 有关劳力士学习中心的部分补充信息来自维基建筑百科WikiArchitecture，网址为<https://es.wikiarquitectura.com/edificio/centro-de-aprendizaje-rolex>[查询日期：2023年3月9日]。

★ 有关朱门特灯塔的部分信息来自Les Phares de France专业网站，

网 址 为 <https:// phares-de- france.pagesperso-orange.fr/phare/jument.html> [查询日期：2023年1月7日]，以及法国文化部开放式文化遗产平台的Mérimée数 据库，网址为<https://www.pop.culture.gouv.fr/notice/merimee/IA29000453> [查询日期：2022年12月26日]。

菲利浦·普莱因的加利福尼亚豪宅的数据获取自网站<https://www.vanitatis.elconfidencial.com/estilo/decoration/2022-10-01/mansion-philipp-plein-chateau-luxury-excesses_3495312> [查询日期：2023年3月8日]。

图片来源

① José Antonio Gil Martínez from Vigo, Spain, CC BY 2.0 <https://creativecommons.org/licenses/by/2.0>, via Wikimedia Commons
② Luis Miguel Bugallo Sánchez (Lmbuga), CC BY-SA 4.0 <https://creativecommons.org/licenses/by-sa/4.0>, via Wikimedia Commons
③ Photo: Myrabella / Wikimedia Commons，CC BY-SA 3.0，<https://creativecommons.org/licenses/by-sa/3.0/deed.en>
④ Louis-Emile Durandelle, Public domain, via Wikimedia Commons
⑤ Bruce Stokes on Flickr, CC BY-SA 2.0 <https://creativecommons.org/licenses/by-sa/2.0>, via Wikimedia Commons
⑥ IK's World Trip, CC BY 2.0 <https://creativecommons.org/licenses/by/2.0>, via Wikimedia Commons
⑦ Nicolas Vigier from Paris, France, CC0, via Wikimedia Commons
⑧ Dietmar Rabich / Wikimedia Commons / “Singapore (SG), ArtScience Museum and Marina Bay Sands Hotel -- 2019 -- 4695” / CC BY-SA 4.0For print products: Dietmar Rabich / https://commons.wikimedia.org/wiki/File:Singapore_(SG),_ArtScience_Museum_and_Marina_Bay_Sands_Hotel_--_2019_--_4695.jpg / https://creativecommons.org/licenses/by-sa/4.0/
⑨ AlisonRuthHughes, CC BY-SA 4.0 <https://creativecommons.org/licenses/by-sa/4.0>, via Wikimedia Commons
⑩ Jordiferrer, CC BY-SA 3.0 <https://creativecommons.org/licenses/by-sa/3.0>, via Wikimedia Commons
⑪ Gary Todd, CC0, via Wikimedia Commons
⑫ Al Jazeera English, CC BY-SA 2.0 <https://creativecommons.org/licenses/by-sa/2.0>, via Wikimedia Commons
⑬ anonymous, CC0, via Wikimedia Commons

⑭ Smiley.toerist, CC BY-SA 4.0 <https://creativecommons.org/licenses/by-sa/4.0>, via Wikimedia Commons

⑮ Alfredo Sánchez Romero, CC BY 2.0, via <https://creativecommons.org/licenses/by/2.0/>,<https://www.flickr.com/photos/alsaarom/8261492463/>

⑯ Daniel Bellet (1864-1918), Public domain, via Wikimedia Commons

小开本 CNQS T
轻松读文库

产品经理：靳佳奇
视觉统筹：马仕睿 @typo_d
印制统筹：赵路江
美术编辑：梁全新
版权统筹：李晓苏
营销统筹：好同学

豆瓣 / 微博 / 小红书 / 公众号
搜索「轻读文库」

mail@qingduwenku.com